Handbuch der Zoologie
Handbook of Zoology
Band VIII Mammalia

Richard Kraft
Xenarthra
Teilband 59

Handbuch der Zoologie
Eine Naturgeschichte der Stämme des Tierreiches

Handbook of Zoology
A Natural History of the Phyla of the Animal Kingdom

Gegründet von / Founded by Willy Kükenthal
Fortgeführt von / Continued by M. Beier, M. Fischer, J.-G. Helmcke,
D. Starck, H. Wermuth

Herausgeber/Editors   J. Niethammer, H. Schliemann, D. Starck
Schriftleiter/Managing Editor   H. Wermuth

Walter de Gruyter · Berlin · New York 1995

Richard Kraft

Xenarthra

Walter de Gruyter · Berlin · New York 1995

Autor/Authors
Dr. Richard Kraft
Zoologische Staatssammlung
Münchhausenstraße 21
D-81247 München
Germany

Schriftleiter/Managing Editor
Dr. Heinz Wermuth
Falkenweg 1
D-71691 Freiberg
Germany

Verlag/Publisher

Walter de Gruyter & Co.
Genthiner Straße 13
D-10785 Berlin
Germany
Tel. (0 30) 2 60 05-0
Telefax (0 30) 2 60 05-2 51

Walter de Gruyter, Inc.
200 Saw Mill River Road
Hawthorne, N.Y. 10532
U.S.A.
Tel. (9 14) 747-01 10
Telefax (9 14) 747-13 26

Herausgeber/Editors

Professor
Dr. Jochen Niethammer
Zoologisches Institut der
Universität Bonn
Poppelsdorfer Schloß
D-53115 Bonn
Germany

Professor
Dr. Harald Schliemann
Zoologisches Institut und
Zoologisches Museum
Martin-Luther-King-Platz 3
D-20146 Hamburg
Germany

Professor
Dr. med. Dr. phil. h. c.
Dietrich Starck
Balduinstraße 88
D-60599 Frankfurt
Germany

Das Buch enthält 60 Abbildungen.
With 60 illustrations.

♾ Gedruckt auf säurefreiem Papier, das die MS-ANSI-Norm über Haltbarkeit erfüllt.

Die Deutsche Bibliothek – CIP-Einheitsaufnahme

Handbuch der Zoologie : eine Naturgeschichte der Stämme des Tierreiches / gegr. von Willy Kükenthal. Fortgef. von M. Beier ... – Berlin ; New York : de Gruyter.
   Teilw. mit Parallelt.: Handbook of Zoology
NE: Kükenthal, Willy [Begr.]; Beier, Max [Hrsg.]; Handbook of zoology

   Bd. 8. Mammalia / Hrsg. J. Niethammer ...
      Teilbd. 59. Xenarthra / Richard Kraft. – 1995
      ISBN 3-11-014428-X
      NE: Niethammer, Jochen [Hrsg.]; Kraft, Richard

© Copyright 1995 by Walter de Gruyter & Co., D-10785 Berlin.
Dieses Werk einschließlich aller seiner Teile ist urheberrechtlich geschützt. Jede Verwertung außerhalb der engen Grenzen des Urheberrechtsgesetzes ist ohne Zustimmung des Verlages unzulässig und strafbar. Das gilt insbesondere für Vervielfältigungen, Übersetzungen, Mikroverfolmungen und die Einspeicherung und Verarbeitung in elektronischen Systemen.
Printed in Germany
Satz und Druck: Tutte Druckerei GmbH, Salzweg-Passau
Buchbinderische Verarbeitung: Lüderitz & Bauer, Berlin

Danksagung

Frau Dr. Walburga Moeller, Heidelberg, hat das vorliegende Manuskript kritisch durchgesehen und mir bei seiner Abfassung viele Hinweise und Diskussionsbeiträge geliefert. Die Herren Dr. Heinz Felten (Forschungsinstitut Senckenberg, Frankfurt a.M.) und Dr. C. Smeenck (Rijksmuseum van Natuurlijke Historie, Leiden, Niederlande) haben mir Xenarthren-Schädel aus ihren Sammlungen zur Verfügung gestellt. Ihnen allen sei herzlich gedankt.

München, Frühling 1994   Richard Kraft

Abkürzungen

CNL = Condylonasallänge (Abstand zwischen Hinterrand der Condyli occipitales und vorderstem Punkt der Nasalia)
Gew. = Gewicht
GL = Gesamtlänge (KRL + SL)
GLS = größte Schädellänge
HF = Hinterfußlänge (soweit nicht anders angegeben ohne Krallen)
IOB = Interorbitalbreite
KRL = Kopfrumpflänge
O = Ohrlänge
OZR = Länge der oberen Zahnreihe
SL = Schwanzlänge
ZB = Zygomatische Breite
Alle Maße, soweit nicht anders angegeben, in mm.

RMNH = Rijksmuseum van Natuurlijke Historie, Leiden (Niederlande)
SMF = Forschungsinstitut Senckenberg, Frankfurt a. M. (Deutschland)
ZSM = Zoologische Staatssammlung München (Deutschland)

Inhalt

Abkürzungen	IX	*Tolypeutes*	29
Diagnose	1	(Tribus Priodontini)	29
Morphologie	1	*Priodontes*	29
Aussehen	1	*Cabassous*	34
Haut und Hautorgane	1	(Tribus Euphractini)	37
Anatomie	3	*Euphractus*	39
Schädel	3	*Chaetophractus*	41
Gebiß	4	*Zaedyus*	45
postcraniales Skelett	4	(Tribus Chlamyphorini)	45
Gehirn	8	*Chlamyphorus*	47
Verdauungstrakt	8	Unterordnung Tardigrada	51
Urogenitalsystem	8	Familie Bradypodidae	52
Embryonalentwicklung	9	*Bradypus*	54
Systematik	10	(*Bradypus*)	54
Unterteilung	10	(*Scaeopus*)	56
Systematische Stellung	11	Familie Choloepidae	56
Abstammung, Verbreitung	12	*Choloepus*	61
Unterordnung Cingulata	13	Unterordnung Vermilingua	62
Familie Dasypodidae	14	Familie Myrmecophagidae	66
(Tribus Dasypodini)	19	*Myrmecophaga*	67
Dasypus	19	*Tamandua*	67
(*Dasypus*)	19	Familie Cyclothuridae	71
(*Hyperoambon*)	26	*Cyclopes*	74
(*Cryptophractus*)	26	Literatur	75
(Tribus Tolypeutini)	28	Namensregister	79

Ordnung Xenarthra
Nebengelenktiere

Diagnose

Lendenwirbel und hintere Brustwirbel durch akzessorische Gelenke miteinander verbunden. Becken außer bei *Cyclopes didactylus* (Fam. Cyclothuridae) über Ilium und Ischium mit der Wirbelsäule verbunden. Sternalteil der Rippen verknöchert, Scapula mit großem Acromion und Processus coracoideus.

Gebiß mit unterschiedlichen Reduktionserscheinungen: Zähne einwurzelig und schmelzlos oder völlig fehlend, homodont, höchstens 1 Zahn je Kieferhälfte vergrößert. Milchzähne und Zahnwechsel nur bei *Dasypus* (Fam. Dasypodidae), sonst nur eine Zahngeneration.

Morphologie

Aussehen

Kleine bis mittelgroße Tiere, entweder dicht behaart oder mit einem Panzer aus zusammenhängenden, quadratischen bis polygonalen Hornschuppen. Finger mit langen, gebogenen Krallen, die teils als Grabwerkzeuge (Gürteltiere), teils als Kletterhaken (Faultiere) oder zum Aufbrechen von Termitenbauen dienen (Ameisenbären, manche Gürteltiere). Kralle des 3. Fingers stets am größten und stärksten entwickelt. Hinterfüße bei Bodenbewohnern plantigrad oder semiplantigrad (Gürteltiere, *Myrmecophaga* und *Tamandua*), bei Baumbewohnern als Kletterhaken (Faultiere) oder hochspezialisiertes Klammerorgan (*Cyclopes*) ausgebildet.

Haut und Hautorgane

Haarkleid borstenartig steif bis seidig weich. Feinbau der Haare bei Bradypodidae und Choloepidae von dem der übrigen Säugetiere abweichend, ohne Mark (s. Beschreibung der Familienkennzeichen S. 52 und S. 56). Unterordnung Cingulata (Gepanzerte Nebengelenktiere) mit plattenförmigen Hautknochen und epidermalen Hornschuppen (s. Abschnitt Gürteltiere – Körperbau, S. 14). Vibrissen schwach ausgebildet, nur in Form kurzer feiner Haare auf Lippen und Nase vorhanden, Vibrissenbüschel an Wangen und Kehle nur bei einigen Gürteltierarten. Rhinarium nackt, nur bei Zweifingerfaultieren (Choloepidae) auffällig und scharf von der umgebenden Haut der Schnauzenspitze abgesetzt, sonst nicht deutlich umgrenzt.

Talgdrüsen und tubulöse Drüsen, deren Ausführungsgänge in Haarbälge münden, sind vorhanden bei Myrmecophagidae und Dasypodidae, bei Bradypodidae sehr klein, bei Choloepidae fehlend (124, 155). — Sackförmige Analdrüsen oder Kloakaldrüsen finden sich bei allen Familien.

Bei *Dasypus novemcinctus*, *Myrmecophaga tridactyla* und *Tamandua tetradactyla* ist die Schnauzenspitze von schlauchförmigen verzweigten Drüsen ausgefüllt („Schnauzendrüse" nach SCHAFFER, 124), die wahrscheinlich apokrine Drüsen darstellen. Die Ausführungsgänge zur Schnauzenoberfläche bleiben nur bei den Myrmecophagidae erhalten; bei *Dasypus* verlieren die Drüsengänge während der Embryonalentwicklung die Verbindung mit der Epidermis. Die Drüsenschläuche wandeln sich zunächst zu soliden Strängen um; sie zerfallen in Zellen, die sich dem Fasergewebe der Schnauze beimengen.

Bei den Borstengürteltieren (Tribus Euphractini) enthält jede Knochenplatte des Rückenpanzers 5 bis 10 rundliche Hohlräume mit einem Durchmesser von 1–1.5 mm; sie werden von je einer großen Talgdrüse und mehreren kleinen apokrinen Drüsen eingenommen, die der Talgdrüse von ventral her kappenförmig aufsitzen („Panzerdrüsenorgan"; 38, 124). Jeder Hohlraum mündet mit einer Pore (Durchmesser 150–500 µm) an der Oberfläche der Knochenplatte (Abb. 1a). Die Ausführungsgänge der Talg- und apokrinen Drüsen führen durch diese Poren nach außen, durchbohren auch die darüberliegenden Hornschuppen und münden in feinen, makroskopisch kaum erkennbaren Poren auf der Schuppenoberfläche (s. Beschreibung der Tribuskennzeichen S. 37).

Hautdrüsen im Inneren von Hautknochenplatten finden sich auch beim Riesengürteltier *Priodontes maximus*: Die Knochenplatten im mittleren Bereich des Beckenschildes weisen auf ihrer Dorsalseite zahlreiche 5 mm breite und 3–4 mm tiefe Höhlungen auf, die von Hornschuppen überdeckt sind (Abb. 1b). Im Gegensatz zu den Borstengürteltieren liegen die Hohlräume und ihre Mündungen bei *Priodontes* nicht innerhalb der Knochenplatten, sondern jeweils auf Höhe der Suturen

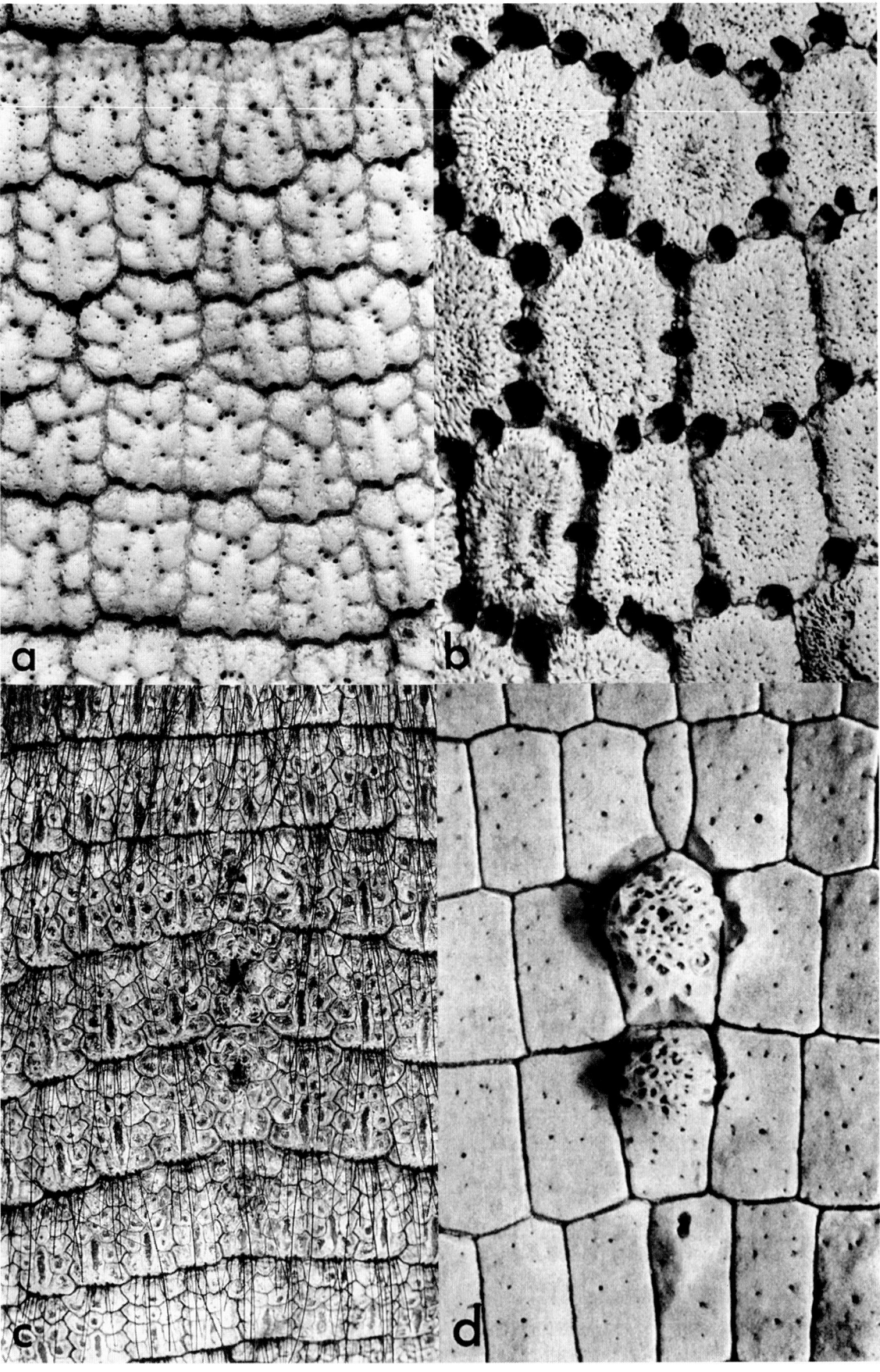

Abb. 1. a: *Chaetophractus villosus:* Knochenplatten des Schulterschildes (Hornschuppen entfernt) mit Mündungen von Talg- und apokrinen Drüsen (Panzerdrüsenorgan); b: *Priodontes maximus:* Knochenplatten des Beckenschildes (Hornschuppen entfernt), mit Vertiefungen für Hautdrüsen; c, d: *Chaetophractus villosus:* Beckendrüsen; c: Beckenschild mit 3 Öffnungen (in der 3.–5. Schuppenreihe von oben); d: Unterseite der Knochenplatten mit 2 Sammelzisternen. b und d aus FERNANDEZ (37), übrige Original.

zwischen benachbarten Knochenplatten. Vermutlich enthalten diese Hohlräume Talgdrüsen und apokrine Drüsen; histologisch sind sie jedoch nicht untersucht (37).

Modifizierte Rückendrüsen („Pelvial- oder Beckendrüse" nach FERNANDEZ, 37, 38) sind bei *Euphractus sexcinctus* und den drei Arten der Gattung *Chaetophractus* (Fam. Dasypodidae, Tribus Euphractini) vorhanden: 2 bis 4, selten 5 Schuppen in der Mittellinie des Beckenschildes sind von je einer 3 bis 4 mm breiten Öffnung durchbohrt, aus der bei Erregung ein öliges Sekret austritt (Abb. 1c). An ihrer Unterseite bildet die Knochenplatte eine kuppelförmige Protuberanz (Abb. 1d); sie umschließt einen Hohlraum („Sammelzisterne" nach SCHAFFER, 124), der an der Schuppenoberseite ausmündet. In die Sammelzisterne münden Drüsen zweierlei Typs: Talgdrüsen, die in Hohlräumen der Knochenplatte liegen, und schlauchförmige a-Drüsen, die die Protuberanz an der Ventralseite umgeben, somit zwischen Knochenplatte und Unterhautfettgewebe liegen (37). Rückendrüsen sind in beiden Geschlechtern vorhanden, schon beim Neugeborenen ausgebildet und vermutlich nicht mit dem Brunftverhalten zusammenhängend. Das Sekret dient als Schutzeinrichtung oder zum gegenseitigen Erkennen der Tiere (124). *Zaedyus pichiy* weist als einziger Vertreter der Tribus Euphractini keine äußerlich erkennbaren Öffnungen von Rückendrüsen auf.

Schädel

Parietalia groß; Interparietale bei Bradypodidae embryonal angelegt, später mit dem Supraoccipitale verschmelzend, bei den übrigen Gruppen nicht nachgewiesen. Condyli occipitales groß und deutlich hervortretend; Processus paracondyloidei fehlen. Supraoccipitale groß, bei Dasypodidae, Bradypodidae und Choloepidae senkrecht zur Schädeloberseite stehend, mit Nuchalwülsten. Bei den Myrmecophagidae biegt das Supraoccipitale an der dorsalen Hinterkante des Schädels nach vorn um und bildet zusammen mit den Parietalia das Dach des Hirnschädels. Crista sagittalis bei *Tolypeutes* und *Chlamyphorus retusus* (Fam. Dasypodidae) schwach ausgebildet, bei allen übrigen Arten der Ordnung fehlend. Supraorbitalleisten nur bei *Cyclopes didactylus* (Fam. Cyclothuridae) vorhanden, sonst fehlen sie. Praemaxillare klein in Zusammenhang mit abgestufter Reduktion der Schneidezähne. Paarige Ossa narialia als akzessorische Knochen im Bereich der Nasenöffnung sind vorhanden bei Dasypodidae und Choloepidae; bei Myrmecophagidae nur bei der Gattung *Tamandua* als Variation auftretend (153, 153a). Choloepidae außerdem mit einem unpaaren Os praenasale. Parasphenoid nur bei *Zaedyus pichiy* (Dasypodidae) nachgewiesen (119). Jochbogen nur bei Dasypodidae vollständig, bei Myrmecophagidae stark reduziert. Bei Bradypodiae und Choloepidae ist der Jochbogen nicht geschlossen; Jugale und Processus zygomaticus des Squamosums berühren einander nicht. Tympanicum (= Ectotympanicum) bildet einen nicht ganz geschlossenen Ring, in dem das Trommelfell ausgespannt (Choloepidae und Dasypodidae außer Euphractini und Chlamyphorini) oder mit Entotympanicum verwachsen ist (Dasypodidae: Euphractini und Chlamyphorini; Bradypodidae). Bei den Vermilingua (Myrmecophagidae und Cyclothuridae) bildet das Ectotympanicum eine geräumige Bulla tympanica, an deren Begrenzung sich außerdem Petrosum, Basioccipitale (außer bei *Cyclopes didactylus*), Squamosum, Pterygoid, Entotympanicum und Tympanohyale beteiligen können, bei *Cyclopes didactylus* auch noch das Alisphenoid. Entotympanicum bei Dasypodiae und Bradypodidae groß, an der Bildung der Paukenhöhlenwand beteiligt, bei Vermilingua (Myrmecophagidae und Cyclothuridae) zu einem kleinen Knochen in der Hinterwand der Paukenhöhle reduziert.

Der Innenraum der Nasenhöhle ist in drei Hauptabschnitte unterteilt: Pars anterior mit Atrioturbinale, Maxilloturbinale und Nasoturbinale (fehlt bei Bradypodidae). Bei *Bradypus, Dasypus* und *Zaedyus* ist in diesem Bereich zusätzlich ein Marginoturbitale nachgewiesen, das medioventral vom Atrioturbinale liegt (117, 118, 126). Caudal an die Pars anterior schließt sich die Pars posterior an, die das Ethmoturbinale I in zwei Abschnitte unterteilt: Recessus ethmoturbinalis (medial) und Recessus frontoturbinalis (lateral). Die Lumina dieser beiden Nasenräume sind von den Ethmo- bzw. Frontoturbinalia gleichmäßig ausgefüllt. 4 bis 8 Ethmoturbinalia und 2 bis 5 Frontoturbinalia (108, 117, 118, 126), außerdem noch eine unterschiedliche Zahl kleinerer Interturbinalia (= Ektoturbinalia nach PAULLI, 108). Turbinalia bei Bradypodidae, Choloepidae und Vermilingua verhältnismäßig einfach gebaut, entweder eingerollt oder mit einer Basal- und zwei Seitenlamellen. Turbinalia der Dasypodidae mit zahlreichen sekundären und tertiären Faltungen (Epiturbinalia), die ineinander verzahnt sind und das Lumen der Regio ethmoidalis stark einengen.

Der dritte Hauptabschnitt der Nasenhöhle, die Pars lateralis, ist taschenförmig flach und liegt seitlich der Pars posterior, reicht aber rostrad bis in den Bereich der Pars anterior. Die Pars lateralis ist gegen die Pars posterior durch die Lamina semicircularis abgegrenzt, die vom Tectum nasi senkrecht zum Nasenboden zieht und sich nach vorn in die allgemeine Seitenwand der Nasekapsel fortsetzt. Das Septum frontomaxillare, das wie ein Vorhang vom Tectum nasi herabhängt, unterteilt die Pars lateralis in einen Recessus frontalis (zwischen Lamina semicircularis und Septum frontomaxillare) und einen Recessus maxillaris (zwischen Septum frontomaxillare und Außenwand der Nasenhöhle). Vordere Hälfte des Tectum nasi mit einem Foramen epiphaniale für den Durchtritt des Nervus nasi lateralis.

Das Jacobsonsche Organ ist bei Dasypodidae vorhanden: Ein Paraseptalknorpel bildet beiderseits des Septum nasi eine Rinne, in der das mit olfaktorischem Epithel versehene Organ liegt; es mündet durch den Ductus nasopalatinus in die Mundhöhle (117, 118). Bei *Bradypus* ist der Paraseptalknorpel kompakt; das Jacobsonsche Organ ist nur bei jüngsten Embryonalstadien (mit etwa 32 mm Gesamtlänge) nachweisbar. Im weiteren Verlauf der Embryonalentwicklung bildet es sich zurück; die Ductus nasopalatini sind jedoch vorhanden (126). Für Choloepidae und Vermilingua liegen keine neueren Angaben über die Ausbildung des Jacobsonschen Organs vor; beide Gruppen weisen jedoch Foramina incisiva auf.

Die Schädelknochen neigen zur Pneumatisierung, vor allem bei den Choloepidae.

Gebiß

Die Zähne sind bei Myrmecophagidae und Cyclothuridae im Zusammenhang mit der Nahrung, die aus sozialen Insekten besteht, vollständig reduziert. Die übrigen Xenarthren weisen schmelzlose Zähne mit Dauerwachstum auf. Das Dentin setzt sich aus mehreren, nach Härte und Struktur unterschiedlichen Lagen zusammen, wobei die äußere Dentinschicht am härtesten ist. Der Dentinkern ist von zahlreichen Gefäßen durchsetzt (Vasodentin), die äußerste Dentinschicht nur mit feinen Kanälen (129). Zahnoberfläche mit Ausnahme der Kaufläche von Zahnzement überzogen. Das Gebiß ist bei Dasypodidae und Bradypodidae homodont ausgebildet, bei Choloepidae sind der erste Zahn im Oberkiefer und sein Antagonist im Unterkiefer stark vergrößert und spitz. Ein Milchgebiß findet sich bei manchen Dasypodidae, sonst nur eine Zahngeneration (monophyodont).

Postcraniales Skelett

Wirbelsäule: Lendenwirbel und hintere Brustwirbel sind durch akzessorische Gelenke (bis zu 3 Paar vordere und hintere) miteinander verbunden (xenarthrale Gelenkverbindung). Die Artikulationsflächen der xenarthralen Wirbelgelenke heißen akzessorische Praezygapophysen (craniad gerichtet) oder akzessorische Postzygapophysen (caudad gerichtet). Sie liegen an Fortsätzen, die vom Wirbelbogen ausgehen und Metapophysen (craniad gerichtet) oder Anapophysen (caudad gerichtet) heißen.

Die beiden Faultierfamilien Bradypodidae und Choloepidae weisen nur je ein akzessorisches Prae- und Postzygapophysenpaar auf (Abb. 2,

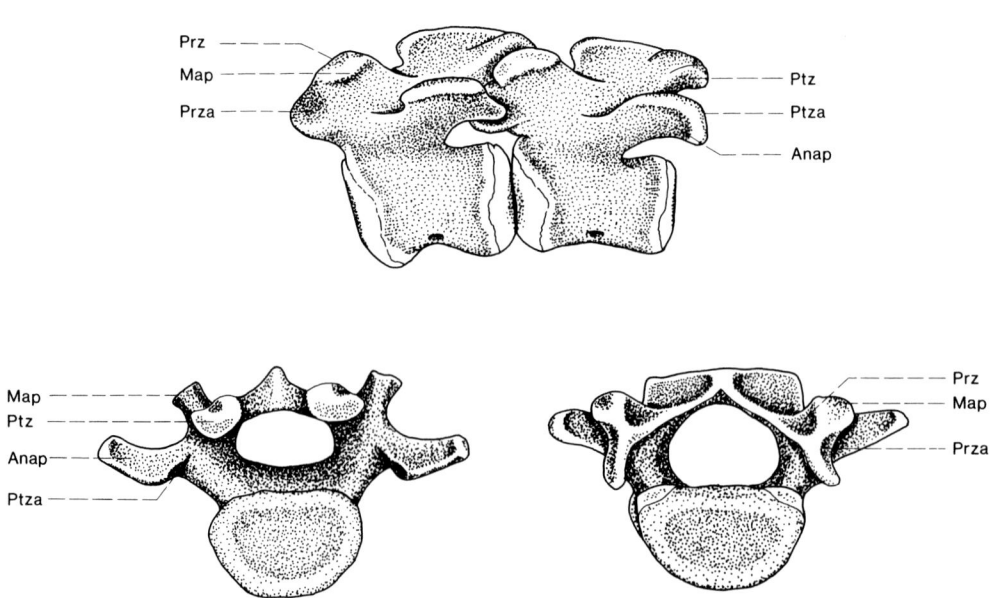

Abb. 2. *Bradypus variegatus* (Bradypodidae): dritter und vierter Lumbalwirbel. Oben: in Artikulation, Ansicht von links. Unten: Blick auf die Gelenkflächen; links dritter Lumbalwirbel von caudal, rechts vierter Lumbalwirbel von cranial. Anap – Anapophyse, Map – Metapophyse, Prz – Praezygapophyse, Prza – akzessorische Praezygapophyse, Ptz – Postzygapophyse, Ptza – akzessorische Postzygapophyse.

Prza oder Ptza). Die akzessorische Praezygapophyse liegt bei ihnen an der Vorderkante der Metapophyse und zeigt nach lateral; sie artikuliert mit der akzessorischen Postzygapophyse des vorangehenden Wirbels an der Innenkante seiner Anapophyse. An manchen Wirbeln sind ursprüngliche und akzessorische Praezygapophysen zu einer einheitlichen Artikulationsfläche verschmolzen.

Die Brust- und Lendenwirbel der Dasypodidae und Vermilingua weisen beiderseits mindestens zwei akzessorische Prae- und Postzygapophysen auf (Abb. 3 und 4). Die dorsale akzessorische Praezygapophyse (Prza1, Abb. 3 und 4) liegt an der Unterseite der Metapophyse, die bei den Dasypodidae mächtig entwickelt ist, und zeigt ventrad; die ventrale Gelenkfläche (Prza2) sitzt seitlich am Neuralbogen und ist schräg nach lateral/dorsal gerichtet. Beide Gelenkflächen artikulieren mit zwei akzessorischen Postzygapophysen des vorangehenden Wirbels (Ptza1 und Ptza2, Abb. 3 und 4), die sich an der Anapophyse befinden. Sie sind in entgegengesetzter Richtung orientiert wie die Praezygapophysen, das heißt: Die dorsale Gelenkfläche (Ptza1) zeigt dorsad, die ventrale (Ptza2) schräg nach median/ventral. Die ursprüngliche Wirbelgelenkung der Lendenwirbel und hinteren Brustwirbel liegt zwischen Metapophyse und Processus spinosus (radialer Typ, 47). Das heißt: die Gelenkfläche der normalen Postzygapophyse (Ptz) steht nahezu vertikal und ist nach außen gerichtet; sie artikuliert mit der normalen, nach medial gerichteten Praezygapophyse des folgenden Wirbels (Prz).

Bei Dasypodidae und Vermilingua zeigt auch der erste Sacralwirbel an seiner Vorderseite neben der ursprünglichen Praezygapophyse zwei Paar akzessorischer Praezygapophysen, die mit entsprechenden Postzygapophysen des letzten Lendenwirbels artikulieren. Der letzte Sacralwirbel trägt an der Rückseite jedoch nur das ursprüngliche Postzygapophysenpaar, da die vorderen Schwanzwirbel nur über die ursprüngliche Prae-/Postzygapophysengelenkung miteinander verbunden sind.

An die Brustwirbel der Dasypodidae und Vermilingua, mit je zwei Paaren akzessorischer Gelenkflächen, schließt sich craniad eine unterschiedliche Anzahl von Brustwirbeln an, die caudal und cranial nur je ein Paar akzessorischer Gelenkflächen aufweisen, nämlich stets das dorsale Zygapophysenpaar (entsprechend Prza1 bzw. Ptza1 in Abb. 3 und 4). In diesen Fällen gibt es jeweils einen Brustwirbel, der zu den Wirbeln mit zwei Paar akzessorischen Gelenkflächen überleitet und somit cranial ein akzessorisches Praezygapophysenpaar, caudal zwei akzessorische Postzygapophysenpaare aufweist.

Ein drittes Paar akzessorischer Gelenkflächen zeigen die Lendenwirbel und hinteren Brustwirbel

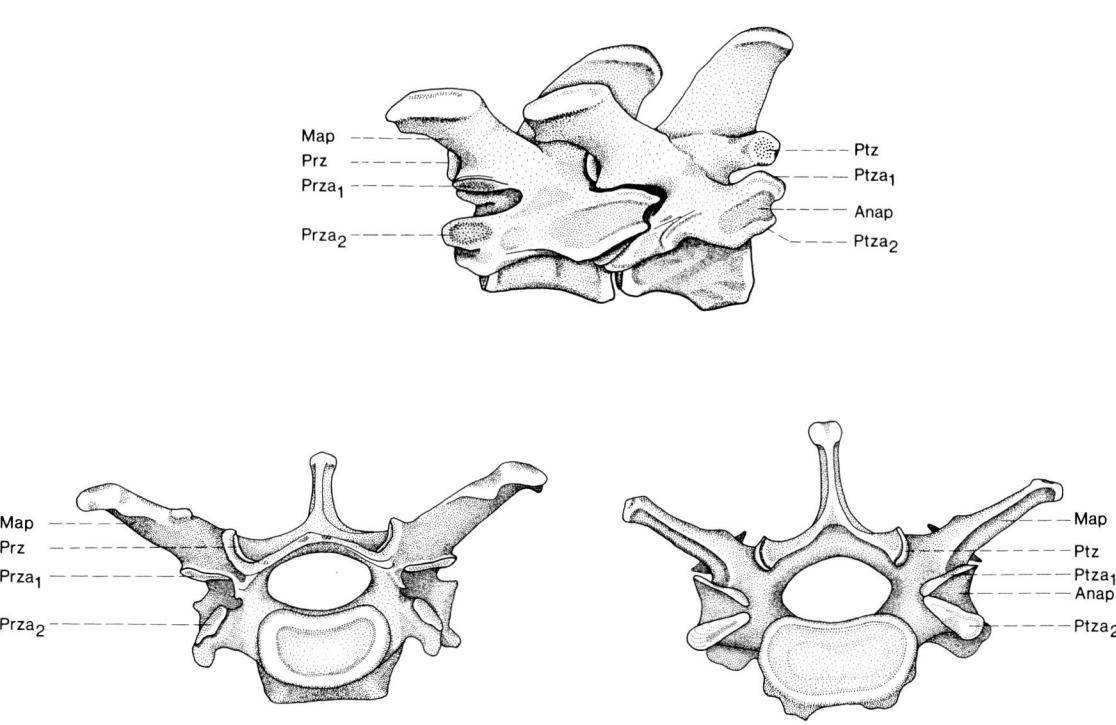

Abb. 3. *Euphractus sexcinctus* (Dasypodidae): erster und zweiter Lumbalwirbel. Oben: in Artikulation, Ansicht von links. Unten links: erster Lumbalwirbel von cranial, unten rechts: zweiter Lumbalwirbel von caudal. Prza1, Prza2 – akzessorische Praezygapophysen, Ptza1, Ptza2 – akzessorische Postzygapophysen. Übrige Abkürzungen wie Abb. 2.

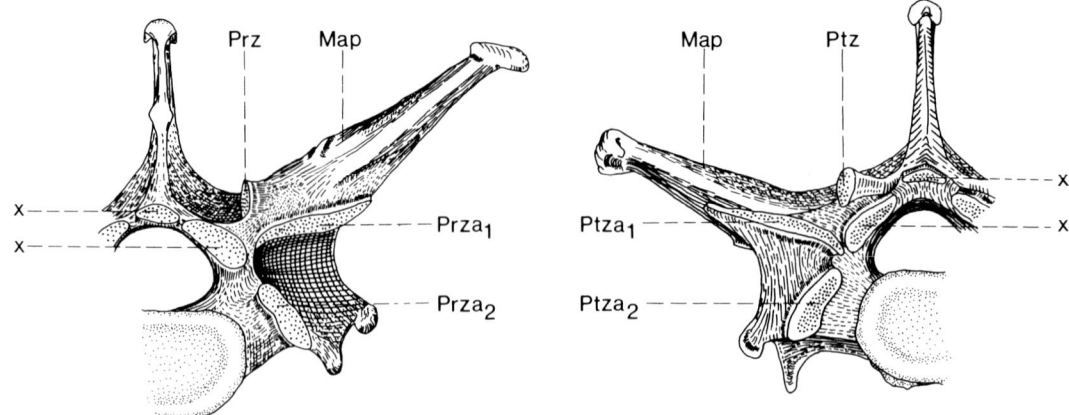

Abb. 4. *Priodontes maximus* (Dasypodidae): zweiter Lumbalwirbel von cranial (links) und caudal (rechts). x – akzessorische Gelenkflächen am Neuralbogen. Übrige Abkürzungen wie Abb. 2.

einiger Gürteltierarten (*Priodontes maximus, Chaetophractus*). Diese Gelenkflächen liegen jedoch nicht an Fortsätzen, sondern an der dorsalen Seite des Neuralbogens (Abb. 4: x). An der Caudalseite des Wirbels weisen die Gelenkflächen in Richtung Wirbelkanal; sie artikulieren mit entsprechenden Gelenkflächen des folgenden Wirbels, die entgegengesetzt gerichtet sind. Bei *Priodontes maximus* liegt zwischen diesen beiden Gelenkflächen unterhalb des Processus spinosus noch eine unpaare Artikulationsfläche, die entsprechend orientiert ist (an der Rückseite des Wirbels ventrad, an der Vorderseite dorsad, vgl. Abb. 4). Bei *Euphractus sexcinctus* stehen die Neuralbögen aufeinanderfolgender Wirbel zwischen der ursprünglichen Prae-/Postzygapophysengelenkung und dem Processus spinosus ebenfalls in Verbindung, doch sind, im Gegensatz zu *Chaetophractus* und *Priodontes*, keine eindeutig abgegrenzten Gelenkflächen zu erkennen.

Bei *Myrmecophaga tridactyla* berühren sich die breiten Querfortsätze der beiden Lendenwirbel und bilden an der Berührungsfläche eine dritte akzessorische Artikulationsfläche.

Die xenarthrale Gelenkung der Wirbel schränkt die Seitwärts- und Torsionsbewegungen im Bereich der Lendenwirbelsäule sehr stark ein. Sie ist vermutlich in engem Zusammenhang mit der Fähigkeit der Tiere entstanden, sich auf den Hinterextremitäten aufzurichten, wobei der Schwanz als Stütze dient (76, 158). Diese Position nehmen die meisten Vertreter der Ordnung regelmäßig ein, wenn sie graben (Dasypodidae, *Tamandua*) oder mit den Krallen der Vorderextremitäten (*Myrmecophaga*) einen Feind abwehren.

Bei den ausgestorbenen Riesengürteltieren (Fam. Glyptodontidae) sind xenarthrale Gelenkverbindungen nicht zu erkennen, da Brust-, Lenden- und Kreuzbeinwirbel zu Hohlröhren verwachsen sind.

Das Becken ist über Ilium und Ischium mit der Wirbelsäule verwachsen; Processus transversi der Sacralwirbel verbreitert, untereinander und mit Ilium oder Ischium synostotisch (Ausnahme: *Cyclopes didactylus*) verschmolzen (Abb. 5). Zwischen Ilium, Ischium und der Wirbelsäule bleibt ein Foramen sacro-ischiadicum ausgespart. Besonders intensive Verbindung zwischen Becken und Sacralwirbeln finden sich bei *Priodontes, Euphractus* und *Chlamyphorus* (76). Bei *Cyclopes* sind Ischium und Wirbelsäule über ein Ligament verbunden. Maximal 13 Sacralwirbel. (Entwicklungsgeschichtlich stellen die Wirbel, die sich caudal an die Verbindung zwischen Ilium und Wirbelsäule anschließen, also auch die mit dem Ischium verbundenen, Caudalwirbel dar und müßten daher als Pseudosacralwirbel gelten. Der folgende Text unterscheidet dies jedoch nicht; die Angaben über Sacralwirbel beziehen sich stets auf den gesamten, mit Ilium und Ischium verbundenen Wirbelkomplex.) Pubis-Symphyse bis auf eine schmale Spange zurückgebildet, beim adulten Tier vollständig synostosiert. Bei juvenilen und subadulten Dasypodidae, Bradypodidae und Choleopidae ist im Symphysenknorpel ein unpaares Os interpubale vorhanden (Abb. 5).

Schultergürtel: Sternum mit echten Spaltgelenken zwischen den einzelnen Sternebrae. Scapula mit hoher Spina scapulae, die in ein langes Acromion ausläuft. Bei den Dasypodidae bildet das Acromion eine Gelenkfläche mit dem Humerus (Abb. 10). Dasypodidae und Vermilingua zeigen zwei Spinae scapulae. Processus coracoideus stark entwickelt. Bei juvenilen Tieren sind Pro- und Metacoracoid durch deutliche Knochennähte

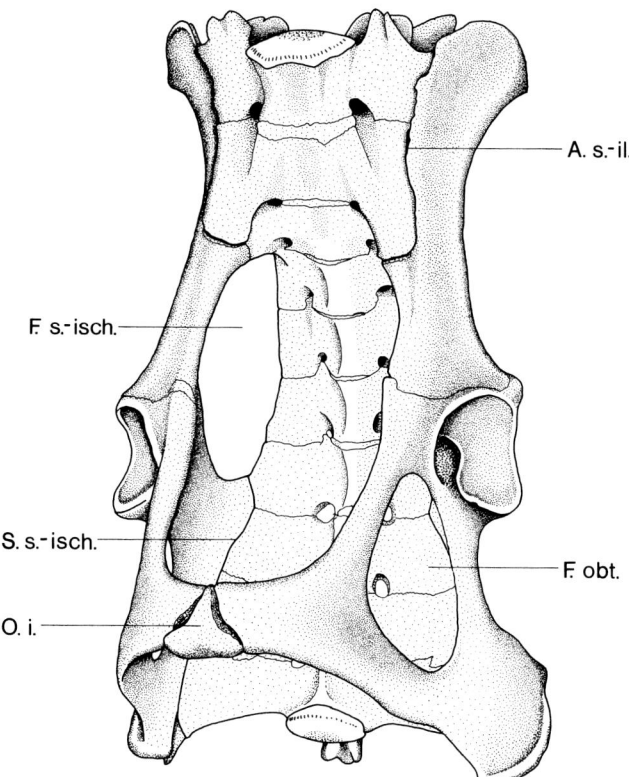

Abb. 5. *Cabassous unicinctus* (Dasypodidae): Becken, Ansicht schräg von ventral. Subadultes Exemplar, Suturen noch nicht geschlossen. Beim adulten Tier sind alle eingezeichneten Knochenverbindungen synostotisch verschmolzen. A.s.-il. – Articulatio sacroiliaca, F.obt. – Foramen obturatum, F.s.-isch. – Foramen sacroischiadicum, S.s.-isch. Sutura sacroischiadica, O.i. – Os interpubale.

voneinander und von der Scapula getrennt (Abb. 6). Später verschmelzen sie vollständig miteinander und mit der Scapula, bilden den Processus coracoideus und beteiligen sich gleichzeitig an der Bildung der Gelenkpfanne für den Humerus. Bei Vermilingua, Choloepidae und Bradypodidae verwächst mit zunehmendem Lebensalter der dorso-caudale Rand des Procoracoids mit dem cranialen Rand der Scapula, wobei zwischen ihnen ein rundliches Foramen coraco-scapulare ausgespart bleibt (Abb. 6). Bei *Choloepus* verwächst die Spitze des Acromions mit dem Vorderrand des Processus coracoideus.

Eine Clavicula ist stets vorhanden, aber nur bei Choleopidae und Dasypodidae gut ausgebildet; bei Bradypodidae erreicht sie das Sternum nicht, bei *Cyclopes* ist sie mäßig stark entwickelt, bei *Myrmecophaga* und *Tamandua* rudimentär. Sternaler Teil der Rippen verknöchert, zwischen ihm und dem vertebralen Teil der Rippe liegt ein kleiner Zwischenknochen (Os sterno-costale). Das Caput femoris bildet nahezu eine direkte Verlängerung der Femur-Längsachse. Der Trochanter tertius ist bei Dasypodidae vorhanden, bei Vermilingua aber nur andeutungsweise zu erkennen; bei Bradypodidae und Choloepidae fehlt er. Die distalen Extremitäten-Abschnitte sind sehr unterschiedlich gebaut, je nach Anpassung an überwiegend laufende, grabende oder kletternde Fortbewegung (siehe Beschreibung der Familienmerkmale). Finger und Zehen enden mit kräftigen, meist sichelförmig gebogenen Krallen, die des 3. Fingers bei den meisten Arten am längsten und kräftigsten. Scaphoid und Lunatum getrennt, Centrale carpi fehlt meist. Autopodien plantingrad, semiplantigrad oder als Kletterhaken ausgebildet. Penisknochen fehlen stets.

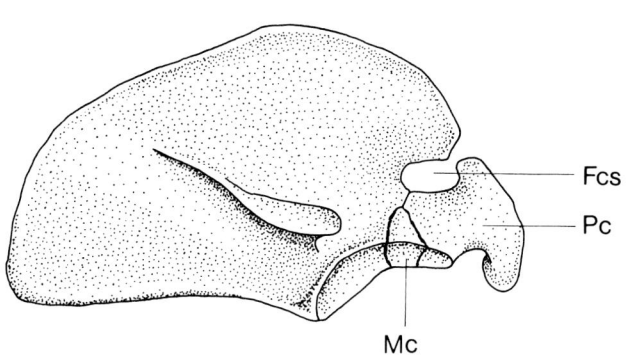

Abb. 6. *Bradypus* spec.: rechte Scapula, juveniles Exemplar, Foramen coracoscapulare noch nicht geschlossen. F.c.-s. Foramen coracoscapulare, Mc – Metacoracoid, Pc – Procoracoid.

Gehirn

Das relativ ursprünglich gebaute Gehirn wirkt schmal und langgestreckt (Ausnahme: *Chlamyphorus*, siehe unten), Palaeopallium gut entwickelt, auch in der Dorsalansicht erkennbar, da die Fissura rhinalis lateralis, die den Gyrus olfactorius vom Neopallium trennt, sehr hoch liegt. Die kräftigen und breiten Bulbi olfactorii überragen deutlich die Frontalpole der Hemisphären. Tuberculi olfactorii groß, längs gefurcht, nach ventral vorgewölbt und deshalb auch in Seitenansicht zu erkennen. Neopallium bei kleinen Arten der Dasypodidae ungefurcht, bei den übrigen mit Furchen, deren Stärke mit der Körpergröße wächst. Neben teilweise unsymmetrischen kleineren Furchen ist meist ein tiefer Sulcus marginalis (parallel zur Fissura longitudinalis cerebri) und ein längerer Sulcus im frontalen Hemisphärenbereich ausgebildet. Thalamus gut entwickelt; die Glandula pinealis fehlt den Dasypodidae. Das Tectum ist vom Pallium bedeckt (127).

Das Rhombencephalon nimmt etwa die Hälfte der gesamten Hirnlänge ein. Die Crura cerebri sind kräftig und in der Ventralansicht erkennbar, da die Großhirnhemisphären kaum die Hirnschenkel bedecken. Die Pyramidenbahnen treten wenig hervor; die Oliven sind kaum sichtbar.

Der Hirnbau weicht bei der subterran lebenden Gürteltiergattung *Chlamyphorus* stark ab (Abb. 8 unten): Das Gehirn wirkt in fronto-occipitaler Richtung gestaucht und ungewöhnlich hoch, die Längsachse des Rhombencephalon nach ventral abgeknickt. Die Großhirn-Hemisphären sind breiter als lang, Neocortex ungefurcht, keine Fissura rhinalis lateralis zwischen Palaeo- und Neopallium. Cerebellum flach, seine hintere Oberfläche steil abfallend (30, 132). – Sehnerven und Augenmuskelnerven sind schwach entwickelt; der kräftigster Hirnnerv ist der N. trigeminus. – Bezogen auf das Körpergewicht sind die Gehirne der Xenarthra größer und schwerer als die der Marsupialia und Insectivora, aber kleiner als die der Carnivora; sie entsprechen den Hirngewichten vieler Nagetiere (120).

Verdauungstrakt

Dasypodidae und Vermilingua weisen als Insektenfresser einfache Mägen auf, die Vermilingua zeigen jedoch eine starke Muskelwandung. Die Bradypodidae und Choloepidae haben als Laubfresser gekammerte Mägen (Abb. 42, S. 54). Leber und andere Vorderdarm-Anhangsorgane bei Dasypodidae und Vermilingua wie für Säugetiere typisch gelegen und ausgebildet; bei Bradypodiae und Choloepidae in Zusammenhang mit überwiegend hängender Körperhaltung nach dorsal verlagert (s. Beschreibung der Familienkennzeichen).

Urogenitalsystem

Nieren bei Vermilingua, Bradypodidae und Choloepidae weit nach caudal in die Beckenhöhle verlagert, bei Dasypodidae in üblicher Lage. Hoden abdominal im Beckenraum (sekundäre Testicondie, vgl. STARCK, 134), bei Dasypodidae an der ventralen Bauchwand. Praeputium in Form einer unvollkommenen Praeputialtasche vorhanden, Corpus spongiosum urogenitale und Corpus fibrosum bei Dasypodidae gut, bei Bradypodidae, Choloepidae und Vermilingua schwach entwickelt. Echte Cowpersche Drüsen und Glandulae prostaticae nur bei Vermilingua und Dasypodidae vorhanden, bei den übrigen Familien finden sich nur wenig differenzierte Glandulae urethrales (154). Gut entwickelte Glandulae vesiculares nur

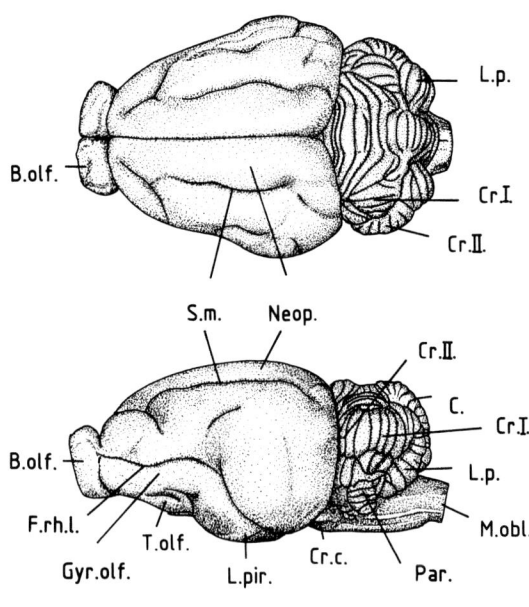

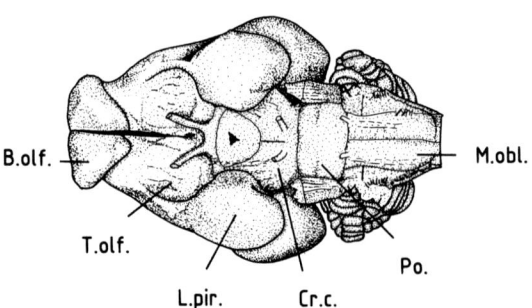

Abb. 7. *Myrmecophaga tridactyla*: Gehirn von dorsal, lateral und ventral. Aus BRAUER & SCHOBER 1970. Abkürzungen: B. olf. – Bulbus olfactorius, C. – Cerebellum, Cr. I/II – Crus I bzw. II des Lobulus ansiformis, Cr. c. – Crus cerebri, F. rh. l. – Fissura rhinalis laberalis, Gyr. olf. – Gyrus olfactorius, L. p. – Lobulus paramedianus, L. pir. – Lobus piriformis, M. obl. – Medulla oblongata, Neop. – Neopallium, Par. – Paraflocculus, Po. – Pons, S. m. – Sulcus marginalis, T. olf. – Tractus olfactorius.

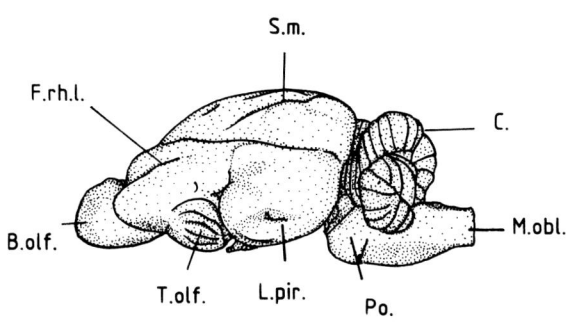
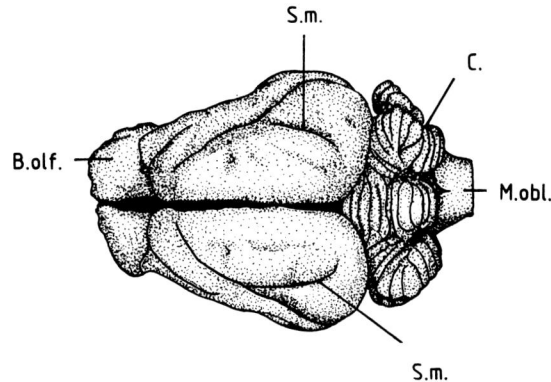
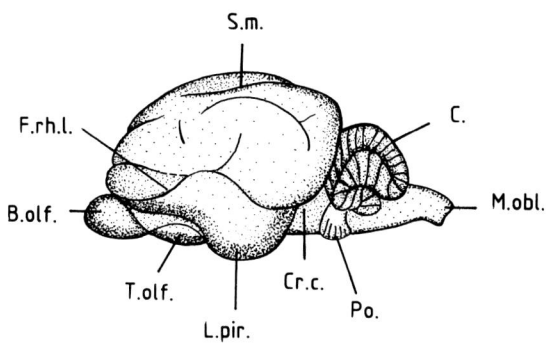
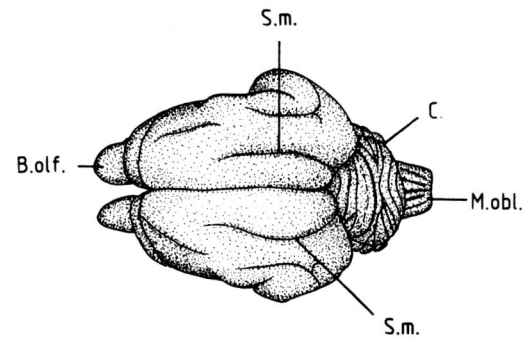
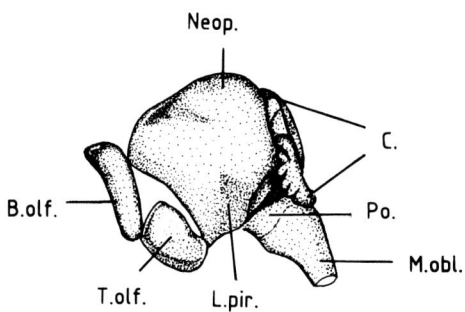

Abb. 8. Gehirne verschiedener Xenarthren, links jeweils von lateral, rechts von dorsal. Oben: *Euphractus sexcinctus* (Dasypodidae), aus BRAUER & SCHOBER 1970; Mitte: *Bradypus tridactylus* (Bradypodidae), aus ELLIOT SMITH 1899; unten: *Chlamyphorus truncatus* (Dasypodidae), aus SPATZ & STEPHAN 1966. Abkürzungen siehe Abb. 7.

bei Vermilingua, bei Bradypodidae sind sie rudimentär und bei Dasypodidae fehlen sie (für Choloepidae liegen keine Angaben vor). Uterus simplex; nur die Euphractini (Fam. Dasypodidae) haben einen Uterus bicornis. Vagina durch ein Längsseptum unterteilt bei *Bradypus, Myrmecophaga* und juvenilem *Choloepus*. Dasypodidae mit Vagina simplex.

Embryonalentwicklung

Vermilingua und Dasypodidae mit scheiben- oder gürtelförmiger Placenta deciduata, Bradypodidae und Choloepidae zunächst mit polykotyledoner Placenta, deren Kotyledonen sich im Lauf der Embryonalentwicklung zu zwei Scheiben vereinigen (33, 152). – Verlängerte Tragzeit durch verzögerte Implantation und Keimruhe nachgewiesen bei *Dasypus novemcinctus* (Tragzeit bis zu 4 Monate verlängert) und *Choloepus hoffmanni* (verlängerte Tragzeit 8 bis 9 Monate, 138, 148). – Die embryonale Entwicklung der Organsysteme verläuft in der für Säugetiere charakteristischen Weise (33, 35, 36, 55).

Foeten von Bradypodidae, Choloepidae und Vermilingua weisen ein Epitrichium auf, das zwischen Epidermis und Amnion liegt. Es ist ein von der embryonalen Epidermis abgespaltenes Epithel, das nicht von den Haaren durchbohrt wird und sich bei der Geburt im ganzen ablöst (155).

Die Embryonalentwicklung des Integuments der Gürteltiere ist bei *Dasypus novemcinctus, D. hybridus* und *Chaetophractus villosus* untersucht (24,

35, 38). Der Rückenpanzer dieser Arten entsteht in drei Abschnitten: Bereits auf sehr frühen Embryonalstadien, noch bevor Umrisse von Schuppen erkennbar sind, ist die ventrale Begrenzung des späteren Rückenpanzers als kräftiger Wulst markiert, der entlang den Körperseiten über Oberarme und Oberschenkel bis zum Schwanzansatz verläuft. Im weiteren Verlauf der Embryonalentwicklung bildet die Rückenhaut ungeteilte Querfalten, die den späteren Schuppenreihen („Bändern") des Rückenpanzers entsprechen. Bei *Dasypus hybridus* treten diese Falten erstmals bei Embryonen mit einer Gesamtlänge von 13,3 mm auf, bei *Chaetophractus villosus* bei Embryonen mit 15 mm Körperlänge. Die Schuppenumrisse sowie die Grenzen von Becken- und Schulterschild beginnen sich erst wesentlich später abzuzeichnen; im Fall von *Dasypus hybridus* bei Embryonallängen von 25 mm, bei *Chaetophractus villosus* beim 33 mm langen Embryo. Während bei *Dasypus* die Form der embryonalen Hornschuppe bereits weitgehend der des adulten Tieres gleicht, verläuft die Schuppenbildung bei *Chaetophractus* komplizierter: Benachbarte Schuppen innerhalb eines Rückenbandes sind zunächst durch weite Zwischenräume getrennt; jede Schuppe hat je nach Körperregion die Form eines Kochlöffels oder eines Ankers, das heißt sie besteht aus einer linsenförmigen oder halbmondförmigen Basis („Knopf") und einer cranial davon ausgehenden Leiste. Zu beiden Seiten der Leiste verhornt die Epidermis zu kleinen Schüppchen, die sich mit der Leiste zur definitiven Schuppe vereinigen, wobei die Verwachsungsstellen zeitlebens durch tiefe Furchen auf der Schuppenoberfläche markiert bleiben (vgl. Abb. 13f, S. 20). Der Knopf bildet sich noch vor der Geburt zurück; an seiner Stelle, also zwischen aufeinanderfolgenden Schuppenreihen, entstehen eine oder mehrere der kräftigen Borsten, die für die Tribus der Borstengürteltiere (Euphractini) charakteristisch sind.

An der Bauchseite entwickeln sich kleine rundliche Hornschuppen in Querreihen, die durch weite Zwischenräume getrennt und von zahlreichen Haaren und Borsten umgeben sind (vgl. Abb. 13 h, S. 20). - Bei geburtsreifen Foeten von *Dasypus hybridus* sind im Corium bereits Ossifikationen im Zentrum der späteren Knochenplatten des Rückenpanzers erkennbar; bei *Chaetophractus villosus* ossifizieren die Knochenplatten dagegen offensichtlich erst nach der Geburt. Bradypodidae, Choleopidae und Vermilingua gebären jeweils nur ein einziges Jungtier.

Bei drei Gürteltierarten (*Dasypus novemcinctus, D. sabanicola* und *D. hybridus*) ist monozygotische Polyembryonie nachgewiesen: Während eines Fortpflanzungszyklus' reift stets nur ein einzelnes, einkerniges Ei. Nach Befruchtung und Keimruhe differenzieren sich Trophoblast und primäre Keimblätter. Aus der primären Ektodermblase, die zur gemeinsamen Amnionhöhle wird, bilden sich sodann durch sackartige Ausstülpungen 4 gleichgeschlechtliche Embryonen mit getrennten Nabelsträngen und Amnien. Bei *Dasypus hybridus* können sich durch Ausstülpungen zweiten Grades (an den Blindsäcken) bis zu 12 (meist 7 bis 9) Embryonen entwickeln. Einzelne Embryonen können absterben oder bilden sich zurück. Die Amnien bilden um jeden Einzelembryo einen fast geschlossenen Sack, sind jedoch über Amnionverbindungskanäle mit der gemeinsamen Amnionhöhle verbunden, die bläschenartig klein bleibt (33, 34, 35, 36, 138). - Die übrigen Gürteltierarten bringen ein bis zwei, sehr selten drei Jungtiere zur Welt (6).

Systematik

Ordnung Xenarthra
3 Unterordnungen, 5 rezente und mindestens 5 ausgestorbene Familien, 29 rezente Arten.

Unterordnung Cingulata [= Loricata] (Gepanzerte Nebengelenktiere)
    Fam. Dasypodidae (Gürteltiere)
? Fam. Palaeopeltidae*
    Fam. Glyptodontidae (Riesengürteltiere)
? Fam. Peltephilidae*

Unterordnung Tardigrada (Faultiere)
    Fam. Mylodontidae
    Fam. Megatheriidae
    Fam. Bradypodidae (Dreifingerfaultiere)
    Fam. Megalonychidae
    Fam. Choloepidae (Zweifingerfaultiere)
? Fam. Orophodontidae

Unterordnung Vermilingua (Ameisenfresser)
    Fam. Myrmecophagidae (Große Ameisenbären und Tamanduas)
    Fam. Cyclothuridae (Zwerg-Ameisenbären)

Die Unterteilung der Xenarthren in die drei Unterordnungen Cingulata, Tardigrada und Vermilingua begründen unter anderem HOFSTETTER (57, 58, 59), MÜLLER (99) und THENIUS (141, 142, 143). Dem gegenüber besteht die Neigung, die Xenarthren in zwei Hauptstämme zu unterteilen, wobei die Ameisenbären (Myrmecophagidae und Cyclothuridae) mit den fossilen und rezenten Faultierfamilien zu einer Unterordnung Pilosa zusammengefaßt sind (131, 134). Diese Klassifizierung

* s. S. 13

geht vor allem auf FLOWER (43) zurück, der die Ameisenbären von den Megatheriidae ableitet. Nach HOFSTETTER (59) und STORCH & HABERSETZER (137) stellen die Ameisenbären jedoch innerhalb der Xenarthra einen sehr frühen Zweig mit langer Eigenentwicklung dar, wobei vor allem zwei Eigenschaften gegen eine Abstammung von Tardigrada sprechen: Der relativ primitive Bau des hinteren Autopodiums mit 5 (bei *Cyclopes* mit 4) annähernd gleich großen Zehen, der kaum vom spezialisierten Fuß der Tardigrada abzuleiten ist, zum anderen die myrmecophage Ernährungsweise der Vermilingua, die eher auf eine Abstammung von primitiven Xenarthren mit unspezialisierter Insektennahrung schließen läßt als auf phytophage Vorfahren. Auch die Unterschiede in den auf das Körpergewicht bezogenen Hirngewichten – die zwischen den rezenten Gürteltieren, Faultieren und Ameisenbären bestehen – deuten darauf hin, daß diese Familien auf drei unterschiedlichen Evolutionsstufen stehen: Innerhalb der Ordnung Xenarthra haben die Gürteltiere die leichtesten Gehirne, die Ameisenbären die schwersten. Die rezenten Baumfaultiere nehmen in dieser Hinsicht eine Mittelstellung ein (120). Auch die Immunreaktion der Serum-Albumine lassen den Schluß zu, daß jede der drei Unterordnungen eine lange, eigenständige Entwicklung durchlaufen hat (123). Fossilfunde, die zwischen den drei Unterordnungen vermitteln, sind nicht bekannt. Dies alles legt nahe, die traditionelle Zweiteilung in Pilosa (mit Faultieren und Ameisenbären) und Cingulata aufzugeben (137).

Die Systematische Stellung innerhalb der Eutheria: Im 19. Jahrhundert waren die Gürteltiere, Faultiere und Ameisenbären mit den Schuppentieren (Manidae) und den Erdferkeln (Orycteropidae) zur Ordnung Edentata (= Zahnarme) vereinigt (43). CUVIER führte den Begriff Edentata erstmals ein und rechnete auch noch die Ameisenigel der Gattung *Echidna* (= *Tachyglossus*; Monotremata) zu dieser Ordnung. WEBER (151) erkannte jedoch, daß die Nebengelenktiere, Erdferkel und Schuppentiere keine monophyletische Gruppe bilden und deshalb als drei Ordnungen (Xenarthra, Pholidota und Tubulidentata) zu betrachten sind. In einer Neuauflage seines Säugetierwerkes (1927–1928) vereinigte er jedoch die Xenarthra mit den Pholidota zur Überordnung Edentata (152). Dagegen hebt SIMPSON (131) hervor, daß sich beide Gruppen unabhängig voneinander aus Protoinsectivoren entwickelt haben. In neuerer Zeit nimmt NOVACEK (102) wieder einen gemeinsamen Ursprung von Pholidota und Xenarthra an. Dabei stützt er sich unter anderem auf die Annahme, daß die Zahnlosigkeit der Pholidota einerseits und die unterschiedlich ausgeprägten Gebißreduktionen der Xenarthra andererseits (Zahnlosigkeit oder Homodontie, Fehlen praemaxillarer Zähne, Schmelzlosigkeit) von einem gemeinsamen Vorfahren stammen.[1] Andrerseits weisen die Aminosäurensequenzen des Augenlinsenproteins α-Kristallin A daraufhin, daß die Schuppentiere keine Beziehungen zu den Zahnarmen aufweisen und am ehesten in die Nähe der Raubtiere gehören (26). Auch die genetischen Abstände, die sich aus der Immunreaktion der Serumalbumine ergeben, sprechen für eine eigenständige Entstehung beider Linien (123) und somit dagegen, eine gemeinsame Ordnung oder Überordnung „Edentata" für Nebengelenktiere und Schuppentiere beizubehalten.

SIMPSON (131) vereinigt die Nebengelenktiere jedoch mit den Palaeanodonta aus dem Alttertiär Nordamerikas innerhalb der Ordnung Edentata. Als Palaeanodonta faßte er unter Berufung auf MATTHEW (1918, zitiert nach SIMPSON) die beiden alttertiären Familien Metacheiromyidae und Epoicotheriidae zusammen, die sich vor allem durch Gebißreduktionen auszeichnen und darin den Xenarthren ähneln. Andererseits fehlen ihnen Hautverknöcherungen, xenarthrale Gelenkverbindungen, doppelte knöcherne Verbindung des Beckens mit dem Sacrum und andere apomorphe Merkmale der Xenarthra. Die Xenarthra mit den Palaeanodonta (beide im Rang einer Unterordnung) in einer gemeinsamen Ordnung Edentata zu vereinigen, war trotzdem im neueren Schrifttum allgemein verbreitet (53, 59, 99, 141).

Eine grundlegende Wende brachte erst die Untersuchung von EMRY (31), der auf Grund osteolo-

---

[1] Nach Drucklegung der vorliegenden Arbeit erschien ein Artikel von ROSE, K.D. & R.J. EMRY mit dem Titel: Relationships of Xenarthra, Pholidota, and Fossil „Edentates": The Morphological Evidence (in: Mammal Phylogeny – Placentals [SZALAY, F.S.; NOVACEK, M.J. & M.C. MCKENNA ed.]. – Springer, New York usw., 1993, pp. 81–102), der sich kritisch mit den Thesen NOVACEKs zu einem gemeinsamen Ursprung von Xenarthra und Pholidota auseinandersetzt. Die Autoren kommen durch Vergleich umfangreichen Skelettmaterials rezenter und fossiler Formen zu der gut begründeten Anschauung, daß es sich bei den von NOVACEK angeführten Ähnlichkeiten oder Übereinstimmungen keineswegs um echte Synapomorphien handelt. So sind Zahnlosigkeit und Zahnreduktion in Anpassung an die insektivore Ernährung innerhalb beider Ordnungen konvergent entstanden. Andere morphologische Übereinstimmungen zwischen Schuppentieren und Nebengelenktieren, die NOVACEK als Synapomorphien deutet (Kontakt zwischen Frontale und Palatinum; Alisphenoid vom Parietale durch einen Ausläufer des Squamosums getrennt; Foramen ovale am Rand des Alisphenoids liegend, nicht von diesem eingeschlossen; Lacrimale mit einem Tuberkel; Stapes säulenförmig, ohne oder mit kleiner Perforation), sind einerseits nicht durchgängig bei allen Arten der beiden Ordnungen vertreten, andererseits auch bei verschiedenen anderen Säugetierordnungen ausgebildet.

gischer Merkmale die Metacheiromyidae für die Ahnformen der Schuppentiere hält. Die „Palaeanodonta" im Sinne von SIMPSON wären somit Angehörige der Ordnung Pholidota, die dann drei Familien (Manidae, Metacheiromydiae und Epoicotheriidae) enthalten würde.

STORCH (135) hält dagegen die morphologischen Übereinstimmungen zwischen dem stratigraphisch ältesten Schuppentier, *Eomanis waldi* STORCH 1978, aus der Grube Messel bei Darmstadt und den Palaeanodonta nicht für ausreichend, um engere phylogenetische Beziehungen zwischen Palaeanodonta und Pholidota zu untermauern, und schlägt vor, die Klassifizierung von SIMPSON beizubehalten.

Da insbesondere die verwandtschaftlichen Beziehungen zwischen Palaeanodonta und Xenarthra – aber auch die zwischen Palaeanodonta und Pholidota – noch nicht vollständig geklärt sind, sind in der hier vorliegenden Klassifizierung die Xenarthren in Übereinstimmung mit GLASS (46) als eigene Ordnung betrachtet.

Folgende Merkmale der Xenarthra gelten innerhalb der Eutheria als ursprünglich: Sternalteil der Rippen verknöchert, unvollständige Verschmelzung der Müllerschen Gänge, Vagina infolgedessen durch ein Längsseptum unterteilt (bei *Bradypus*, *Myrmecophaga* und juvenilem *Choloepus*), unvollkommene Thermoregulation. Das Os nariale der Gürteltiere und der Zweifingergürteltiere, das häufig mit dem Septomaxillare ancestraler Wirbeltiere homologisiert und als plesiomorphes Merkmal betrachtet wird, ist dagegen vermutlich eine Neubildung (s. S. 15).

Die Xenarthra dürften ungefähr zur selben Zeit entstanden sein, als sich die Marsupialia und Eutheria aufspalteten (32): McKENNA (86) stellt deshalb die Xenarthra als Kohorte „Edentata" allen übrigen Eutheria gegenüber, die er in der (neuen) Kohorte „Epitheria" vereinigt.

Abstammung und Verbreitungsgeschichte

Die ältesten Fossilfunde von Cingulata (*Utaetus*, Fam. Dasypodidae) stammen aus dem Jung-Paleozän Südamerikas, die ältesten Tardigradenfunde (*Orophodon, Octodontotherium*) aus dem unteren Oligozän Argentiniens (141). Allerdings wird die systematische Stellung der beiden zuletzt genannten Gattungen unterschiedlich beurteilt. Während HOFSTETTER (58) beide als Angehörige einer eigenen Tardigradenfamilie Orophodontidae betrachtet, ist nach THENIUS *Octodontotherium* als Angehöriger der Mylodontidae zu klassifizieren, während *Orophodon* den Cingulaten nä-

hersteht. Von den Baumfaultieren (Fam. Bradypodidae und Choloepidae) liegen keine gesicherten Fossilfunde vor, was vermutlich darauf zurückzuführen ist, daß der tropische Regenwald als ihr Lebensraum ungünstige Voraussetzungen bietet, Fossilien zu erhalten.

Die Vermilingua sind mit *Eurotamandua joresi* erstmals aus dem Mittel-Eozän von Deutschland (Grube Messel bei Darmstadt, Hessen) nachgewiesen (135). Die übrigen Fossilfunde der Vermilingua stammen aus Süd- und Mittelamerika und reichen dort nur bis zum Unter-Miozän (Santa-Cruz-Formation Argentiniens) zurück (137).

Aus dem Jung-Paleozän Chinas liegen Schädel und Skelett eines Säugetieres vor, das als *Ernanodon antelios* DING 1979 beschrieben ist und durch folgende Merkmale als ursprünglicher Xenarthre ausgezeichnet sein soll: Besitz eines kleinen Septomaxillare (?) zwischen Praemaxillare und Nasale, Sternalteil der Rippen verknöchert, Scapula mit zwei Spinae scapulae, xenarthrale Wirbelgelenkung an den hinteren Brustwirbeln schwach ausgeprägt (27). Die systematische Stellung von *Ernanodon* ist nicht eindeutig; ROSE & EMRY (1993; siehe Fußnote S. 11) halten *Ernandon* für den Angehörigen eines eigenständigen Zweiges grabender Säugetiere, bei dem „xenarthrentypische" Merkmale konvergent entstanden sind.

Bis in jüngste Zeit galten die Xenarthren als autochthone südamerikanische Faunenelemente (57, 142).

Nach anderer Anschauung entstanden die Xenarthren in Nordamerika und gelangten im ausgehenden Mesozoikum oder im frühen Tertiär als „Inselhüpfer" nach Südamerika (106). Diese Auffassung stützt sich auf das nordamerikanische Vorkommen der Palaeanodonta, die PATTERSON als Wurzelgruppe der Xenarthra betrachtet. Nachdem EMRY (31) aber die Palaeanodonta nicht als Xenarthra, sondern als Pholidota klassifizierte (s. vorherigen Abschnitt), gibt es für einen nordamerikanischen Ursprung der Xenarthren keinen Beleg.

Mit Ausnahme von *Eurotamandua joresi* (siehe oben) stammen alle gesicherten Funde tertiärer Xenarthren aus Südamerika. Lediglich die Megalonychidae erreichten im Jungtertiär verschiedene Antilleninseln, wo sie eine radiative Entwicklung durchmachten und bis in historische Zeit überlebten.

Mittel- und Nordamerika wurden erst im ausgehenden Tertiär oder im Pleistozän von Vertretern das Dasypodidae, Glyptodontidae, Mylodontidae, Megatheriidae und Megalonychidae besiedelt, nachdem im Plio-/Pleistozän in Form der Panamabrücke eine Landverbindung zwischen beiden Subkontinenten entstanden war (86, 143). Mit Ausnahme von *Dasypus novemcinctus* sind alle diese Einwanderer auf dem nordamerikanischen Subkontinent vor 10–15 000 Jahren ausgestorben.

Neu belebte die Diskussion über Entstehung und Ausbreitung der Xenarthren der Fund von *Eurotamandua joresi*, einem eozänen Ameisenbär aus der Grube Messel bei Darmstadt, der den ersten gesicherten Nachweis der Xenarthren außerhalb der Neuen Welt darstellt. Sollten die Xenarthren ihren Ursprung in Südamerika haben, so wäre eine Einwanderung der Ameisenbären über Nordamerika nach Eurasien denkbar, da gegen Ende der Kreidezeit ein begrenzter Faunenaustausch zwischen Nord- und Südamerika stattgefunden hat. STORCH (136) hält wegen fehlender Fossilfunde von Ameisenbären aus dem paläontologisch gut erforschten Nordamerika diesen Weg aber für unwahrscheinlich und stellt eine alternative Hypothese vor: Mit großer Wahrscheinlichkeit spalteten sich die Xenarthren bereits in der Kreidezeit von den übrigen Eutheria ab, also noch vor der Trennung des Westgondwana-Kontinentes in Afrika und Südamerika, die erst zu Beginn der Oberkreide geschah (32, 86). Der biogeographische Weg von *Eurotamandua* hätte dann von Afrika nach Europa über die Tethys führen können. Aber selbst wenn die Ameisenbären nach Bildung des Südatlantiks entstanden wären, hätte sich *Eurotamandua* trotzdem von Südamerika über Afrika nach Europa ausbreiten können, da auch nach dem Auseinanderdriften der Kontinente Landbrücken im Südatlantik einen Faunenaustausch zwischen Südamerika und Afrika ermöglichten (136 : 233).

Unterordnung **Cingulata**
Gepanzerte Nebengelenktiere

Kennzeichen: Bodenbewohner mit einem Panzer, der Kopf, Rücken und bei den meisten Arten auch den Schwanz bedeckt. Bildung des Panzers aus plattenförmigen Verknöcherungen der Lederhaut, die von epidermalen Hornschuppen überlagert werden. Ähnliche Hautverknöcherungen sind unter den rezenten Säugern nur bei Stachelmäusen der Gattung *Acomys* (Rodentia) bekannt, bei denen Hautknochen im Schwanz einen Panzer aus Knochenringen bilden (101).

Systematik: Rezent: 1 Familie, 8 Gattungen und 20 Arten. Ausgestorbene Familien: Fam. Glyptodontidae (Mittel-Eozän bis spätes Pleistozän oder frühes Holozän); (?) Fam. Palaeopeltidae (oberes Eozän [?] bis unteres Oligozän), und (?) Fam. Peltephilidae (oberes Oligozän bis unteres Pliozän).

Bei den Glyptodontidae war der Rückenpanzer in sich starr und hochgewölbt; er bestand aus kräftigen, unbeweglich miteinander verbundenen Knochenplatten. Die Schwanzbasis war von Knochenringen umgeben, von denen jeder aus zwei bis drei Plattenreihen bestand. Das Schwanzende bedeckte eine feste Röhre aus 10 bis 14 miteinander verschmolzenen Knochenringen (58). Die Glyptodontidae spalteten sich relativ früh vom Hauptstamm der Dasypoiden ab, erreichten ihre größte Entfaltung im Pliozän und starben am Ende des Pleistozäns und im frühen Holozän aus (99, 141).

Von der Fam. Palaeopeltidae ist bisher nur *Palaeopeltis* AMEGHINO 1895 in Form von isolierten Knochenplatten bekannt; ihre systematische Zuordnung ist nicht völlig geklärt. HOFSTETTER (58) bestreitet die Existenz einer Gattung *Palaeopeltis* und ist der Ansicht, daß die unter diesem Gattungsnamen beschriebenen Hautknochenfunde von Angehörigen der Gattungen *Orophodon* und *Octodontotherium* stammen. Von diesen beiden Gattungen liegen Unterkieferfragmente und Skeletteile aus dem oberen Eozän und dem unteren bis mittleren Oligozän von Südamerika vor, die sie als Angehörige der Tardigrada kennzeichnen; nach HOFSTETTER stellen diese beiden Gattungen gepanzerte Tardigrada dar, für die er eine eigene Familie (Orophodontidae) und Überfamilie (Orophodontoidea = Paragravigrada) aufstellt. THENIUS (142, 143) hält die Gattung *Palaeopeltis* dagegen für begründet und stellt sie in die Verwandtschaft der Cingulata.

Die Gattung *Peltephilus* aus dem Oligozän bis Miozän Südamerikas vereinigen einige Autoren (99, 141) zusammen mit weiteren Gattungen des Oligo- bis Pliozäns zur Fam. Peltephilidae. ENGELMANN (32) sieht jedoch verwandtschaftliche Beziehungen zu den rezenten Borstengürteltieren (Tribus Euphractini) und vereinigt *Peltephilus* mit der pliozänen Gattung *Macroeuphractus* in einer Gattungsgruppe Peltephilini.

Familie **Dasypodidae**
Gürteltiere

Kennzeichen: Panzer aus epidermalen Hornschuppen, unterlagert von Knochenplatten im Corium. Nach der Anordnung von Knochenplatten und Hornschuppen am Rückenpanzer lassen sich zwei Gruppen unterscheiden: Bei der Gattung *Dasypus* (Tribus Dasypodini) ist jede Knochenplatte von mehreren Hornschuppen überdeckt (Abb. 12), bei allen übrigen Tribus (Euphractini, Tolypeutini, Priodontini und Chlamyphorini) überlagern sich Hautknochen und Hornschuppen deckungsgleich.

Einzelne Knochenplatten sind untereinander fest zu größeren Komplexen verbunden: Kopfschild, Schwanzschild und Rückenpanzer. Am Rückenpanzer lassen sich (außer bei Chlamyphorini) ein Schulterschild und ein Kreuz- oder Beckenschild unterscheiden; im typischen Fall bestehen sie aus transversalen Knochenplatten- oder Schuppenreihen, die unbeweglich miteinander verbunden sind. Zwischen Schulter- und Beckenschild liegen transversale Plattenreihen, die durch nackte Hautfalten verbunden und gegeneinander beweglich sind („Bänder", s. Tab. 2). Der Beckenschild ist über Ilium und die Metapophysen der Lendenwirbel, teilweise auch über das Ischium, ligamentös mit dem Innenskelett verbunden. Bei den Chlamyphorini steht der Beckenschild nahezu senkrecht und ist synostotisch mit Ischium und den Dornfortsätzen der hinteren Sacralwirbel verwachsen (Abb. 37, S. 47). Den Chlamyphorini fehlt ein Schulterschild; ihr Rückenpanzer besteht aus beweglich miteinander verbundenen Reihen von Knochenplatten oder Hornschuppen, die sich unmittelbar an den Kopfschild anschließen, und dem Beckenschild.

Alle Dasypodidae sind auch an der Außenseite der Extremitäten gepanzert. In der Haut der ungepanzerten Ventralseite liegen kleine, isolierte ovale Hornplättchen in transversalen Reihen angeordnet (Abb. 13 h).

Zwischen den Hornschuppen des Rückenpanzers sowie am Hinterrand der beweglichen Bänder entspringen Haare, deren Follikel in der darunterliegenden Knochenplatte liegen. Die Platten verknöchern erst nach Differenzierung der Haarwurzeln und Haarbalgdrüsen, für die ein entsprechender Hohlraum in der Knochenplatte ausgespart bleibt (24). Jedes Haar mit einer monoptychen und ein bis zwei polyptychen Haarbalgdrüsen (24). Die Haare des Rückenpanzers wirken dünn und unscheinbar, außer bei *Dasypus pilosus* und den Euphractini.

Die Bauchseite und die Extremitäten sind mehr oder weniger stark behaart, die Haare borstenartig und steif, nur bei den Chlamyphorini dicht und seidenweich. Tolypeutini und Euphractini weisen Vibrissenbüschel unterhalb der Augen auf, die Euphractini außerdem ein Vibrissenbüschel auf der Oberlippe. Bei den übrigen Gürteltieren sind die Vibrissen bis auf kleine Reste rückgebildet (112).

Rhinarium nackt, nicht scharf nach oben und zur Seite hin abgesetzt. Nasenöffnungen nach vorn gerichtet, durch ein breites Septum ohne medianen Schlitz getrennt.

Vorderextremität mit unterschiedlich langen und kräftigen Krallen; Krallen der Hinterextremität schwächer.

Urogenitalöffnung und Anus deutlich getrennt. Anus mit zwei seitlichen, taschenförmigen Analdrüsen. Penis bei *Dasypus* relativ kurz und dick und nahe beim Anus, bei Euphractini, Priodontini und Chlamyphorini sehr lang, fast wurmförmig, konisch nach vorn verjüngt, gebogen oder spiralförmig verlaufend. Bei *Tolypeutes* ist der Penis ebenfalls sehr lang und kräftig, im distalen Drittel jedoch klingenförmig zusammengefaßt mit einer schlitzförmigen terminalen Öffnung. Diese Öffnung stellt nicht die Urogenitalöffnung dar, sondern bildet eine Scheide für die fadenförmig dünne und zugespitzte Penisspitze (112). Die Länge des Penis der Dasypodidae steht in Zusammenhang mit der Ausbildung des Rückenpanzers, der die Kopulation erschwert. Klitoris außer bei *Dasypus* penisförmig verlängert (112).

Schädel bei überwiegend laufenden Formen (Dasypodini) schmal und gestreckt, bei Gräbern (Euphractini und Chlamyphorini) breit und an der Oberseite abgeflacht; Tolypeutini und Priodontini vermitteln in dieser Hinsicht. Jochbögen meist kräftig, stets geschlossen. Tympanicum hufeisen- oder halbringförmig bei Dasypodini, Tolypeutini und Priodontini (vgl. Abb. 15, S. 23), jedoch nur bei Dasypodini selbständig, bei Tolypeutini und Priodontini mit dem Entotympanicum und Tympanohyale verschmolzen (51, 94). Bei Euphractini bildet das Tympanicum eine oben oder seitlich offene, fest mit der Bulla tympanica verwachsene Röhre (Abb. 32, S. 42). Bei Chlamyphorini ist das Tympanicum als selbständiger Knochen nicht mehr erkennbar, sondern bildet zusammen mit dem Entotympanicum und dem Tympanohyale eine große Bulla tympanica. Chlamyphorini außerdem mit einem, langen, verknöcherten Meatus acusticus externus (Abb. 39 und 40, S. 49/50).

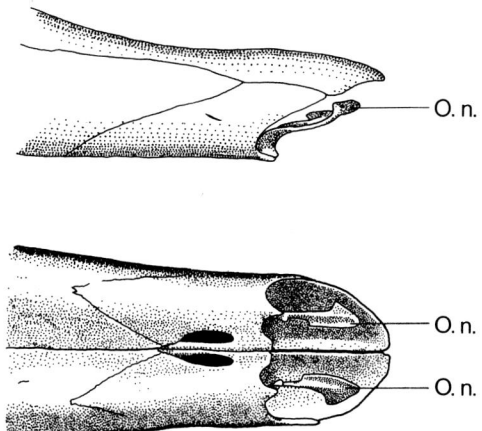

Abb. 9. *Dasypus kappleri*: Vorderende des Schädels mit paarigen Ossa narialia (O. n.). Oben Seitenansicht, unten Ventralansicht. Nach WEGNER 1922.

Die Nasenöffnung ist durch einen kleinen, paarigen, der Innenseite des Praemaxillare aufsitzenden Knochen eingeengt, dem Os nariale (nach WEGNER 153, Abb. 9). Die Ossa narialia sind durch lockeres Bindegewebe mit den Praemaxillaria verbunden; an mazerierten Gürteltierschädeln in Museen fehlen sie deshalb häufig. Sie wurden in der Vergangenheit mit dem Septomaxillare der Amphibien und Reptilien homologisiert, einem Deckknochen im Bereich der Nasenregion, der bei allen übrigen Theria verloren ging, sich aber bei Monotremata noch erhalten hat (134). Nach WIBLE & al. (164) bestehen jedoch zwischen dem Os nariale der Gürteltiere einerseits und dem Septomaxillare der Amphibien, Reptilien und Monotremata andererseits grundlegende Unterschiede, insbesondere in der Lagebeziehung zur Lamina transversalis anterior und zum Jacobson'schen Organ, so daß diese Knochen als Neubildung der Gürteltiere gelten müssen.[1]

In seiner Grundform besteht das Os nariale aus einer horizontalen Basalplatte (Pars horizontalis), die dem vorderen Teil des Praemaxillare aufsitzt, häufig auf seinem kleinen, nach vorn ragenden Vorsprung (Sustentaculum ossis praemaxillaris). Von der Basalplatte erhebt sich an einem Stiel (Pedunculus) ein Fortsatz (Processus intrafenestralis), der schräg nach vorn/oben in das Nasenfenster hineinragt. Der Stiel ist über eine Membran mit dem Maxilloturbinale verbunden.

Bei *Tolypeutes, Priodontes, Chaetophractus* und *Chlamyphorus* ist das Os nariale einfach gebaut und hat etwa die Form eines Hockeyschlägers, wobei das Schlagende der Basalplatte entspricht. Bei *Dasypus, Cabassous* und *Euphractus* ist der Processus intrafenestralis schaufelförmig verbreitet (76; Abb. 9). Für *Zaedyus* liegen keine entsprechenden Angaben vor. Der nach vorn ragende Fortsatz (Processus intrafenestralis) des Os nariale ist ganz oder teilweise in die Nasenflügelknorpel (Alarknorpel) einbezogen. Die Ossa narialia stellen somit eine knöcherne Stütze dieser Nasenflügelknorpel dar, die sich – von Art zu Art unterschiedlich – als einfache oder gewundene Wülste in das Nasenfenster vorwölben. Funktionell stellt das ganze System einen Verschlußmechanismus dar, der verhindern soll, daß beim Graben im Erdreich Partikel in die Nasenhöhle gelangen. Wenn der Kopf beim Graben auf einen Widerstand stößt, bewegen sich die Knorpel und die äußere Wand des Nasenfensters aufeinander zu und das Nasenlumen verengt sich dadurch. Der Processus intrafenestralis des Os nariale verhindert, daß ein Druck von außen die Knorpel in den Nasenvorraum hineingepreßt. Einen weiteren Schutzmechanismus gegen das Eindringen von Partikeln in die Nasenhöhle während des Grabens zeigen die Gattungen *Chaetophractus, Euphractus, Cabassous* und *Tolypeutes*: Bei ihnen bildet das Epithel des Nasenvorhofbezirkes zapfenförmige Fortsätze, die den Eingang zur Nasenhöhle versperren können. Bei *Chlamyphorus* ist der Innenrand der Nasenlöcher mit kurzen und steifen Härchen besetzt, die das gleiche bewirken.

Gebiß sekundär homodont. Zähne zylindrisch, schmelzlos; sie wachsen aus einer offenen, kegelförmigen Pulpa dauernd nach und gleichen dadurch die starke Abnutzung an der Kaufläche aus (66). Ein Schmelzorgan ist bei den Embryonen von *Dasypus* vorhanden, produziert jedoch keinen Schmelz (67). Zähne mit Ausnahme der Kaufläche von einer Zementschicht umgeben, die bis zu einem gewissen Grad den fehlenden Zahnschmelz ersetzt. Zement bildet bei *Cabassous* und *Euphractus* die härteste Zahnschicht. Bei *Dasypus*, bei dem die äußerste Dentinschicht die härteste Zahnsubstanz darstellt, ist der Zement zellhaltig und in Lamellen abgelagert. *Dasypus* weist während der Embryonalentwicklung im Unterkiefer zweiwurzelige Milchzähne auf, die bereits vor der Geburt resorbiert und durch die bleibenden Zähne ersetzt werden (138). Der hinterste Zahn im Ober- und Unterkiefer von *Dasypus* erscheint erst spät im bleibenden Gebiß und wird nicht gewechselt, entwicklungsgeschichtlich entspricht er den echten Molaren der übrigen Säugetiere (42). Bei den übrigen Gattungen bleiben die Anlagen der Milchzähne im Zahnfleisch verborgen und werden frühzeitig resorbiert (152).

---

[1] Entsprechende Angaben zur entwicklungsgeschichtlichen Beurteilung der Ossa narialia der Zweifingerfaultiere (siehe S. 60) liegen nicht vor.

Postcraniales Skelett mit 7 Halswirbeln, 9 bis 13 Brustwirbeln, 2 bis 5 Lendenwirbeln, bis zu 14 Kreuzbeinwirbeln, 13 bis 34 Schwanzwirbeln. Epistropheus mit dem 3., bei *Dasypus*, *Tolypeutes* und *Chlamyphorus* meist auch noch mit dem 4. Halswirbel zum Os mesocervicale verschmolzen (76). Bei *Priodontes* und *Tolypeutes* sind der letzte Halswirbel und der erste Brustwirbel miteinander verschmolzen. Xenarthrale Gelenkverbindungen bestehen vom 5. bis 8. Thorakalwirbel an und an allen Lumbalwirbeln. Die Metapophysen der Lumbalwirbel sind sehr lang (Abb. 3 und 4) und bilden eine Stütze für den Panzer. Der Processus spinosus der hinteren Brust- und der Lendenwirbel ist, außer bei *Chlamyphorus* und *Tolypeutes*, am oberen Ende eingekerbt. Der craniale Rand des Processus spinosus des folgenden Wirbels drückt sich in diese Kerbe und festigt dadurch den Zusammenhalt dieser Wirbel. Schwanzwirbelsäule mit kräftigen Processus transversi und Hämapophysen, um die Schwanzmuskulatur zu befestigen.

Erste Rippe stark verbreitert. Scapula mit zwei Spinae scapulae, von denen die Spina scapulae superior in das Acromion übergeht; es ist bei den Dasypodidae hakig gebogen und bildet eine zusätzliche Gelenkfläche für den Humerus (Abb. 10). Bei *Dasypus* gabelt sich das Acromion in einen cranialen und caudalen Ast. Humerus bei grabenden Formen besonders kräftig ausgebildet, bei starker Entwicklung der Crista deltoidea. Die relative Stärke des Humerus nimmt in der Reihenfolge *Chlamyphorus* – *Priodontes* – *Euphractus* – *Tolypeutes* – *Dasypus* ab (76). Ulna mit langem Olecranon. Femur mit Trochanter tertius. Pubis-Symphyse bis auf eine schmale Spange zurückgebildet. Tibia und Fibula proximal und distal verschmolzen.

Lebensweise: Hier zeichnen sich unterschiedliche Spezialisationsreihen ab, nämlich a) vorwiegend auf Laufen spezialisierte Formen (Gattung *Dasypus*); b) vorwiegend auf Graben und unterirdische Lebensweise spezialisierte Formen (Gattungen *Euphractus*, *Chaetophractus*, *Zaedyus*, *Priodontes* und *Chlamyphorus*); c) auf Zusammenrollen als Schutz bei Gefahr spezialisierte Formen (Gattung *Tolypeutes*, 76).

Nahrung besteht überwiegend aus Insekten und kleinen Wirbellosen. Ameisen und Termiten bevorzugen die Gattungen *Tolypeutes*, *Priodontes* und *Cabassous*; die beiden *Chlamyphorus*-Arten fressen überwiegend Ameisen (76).

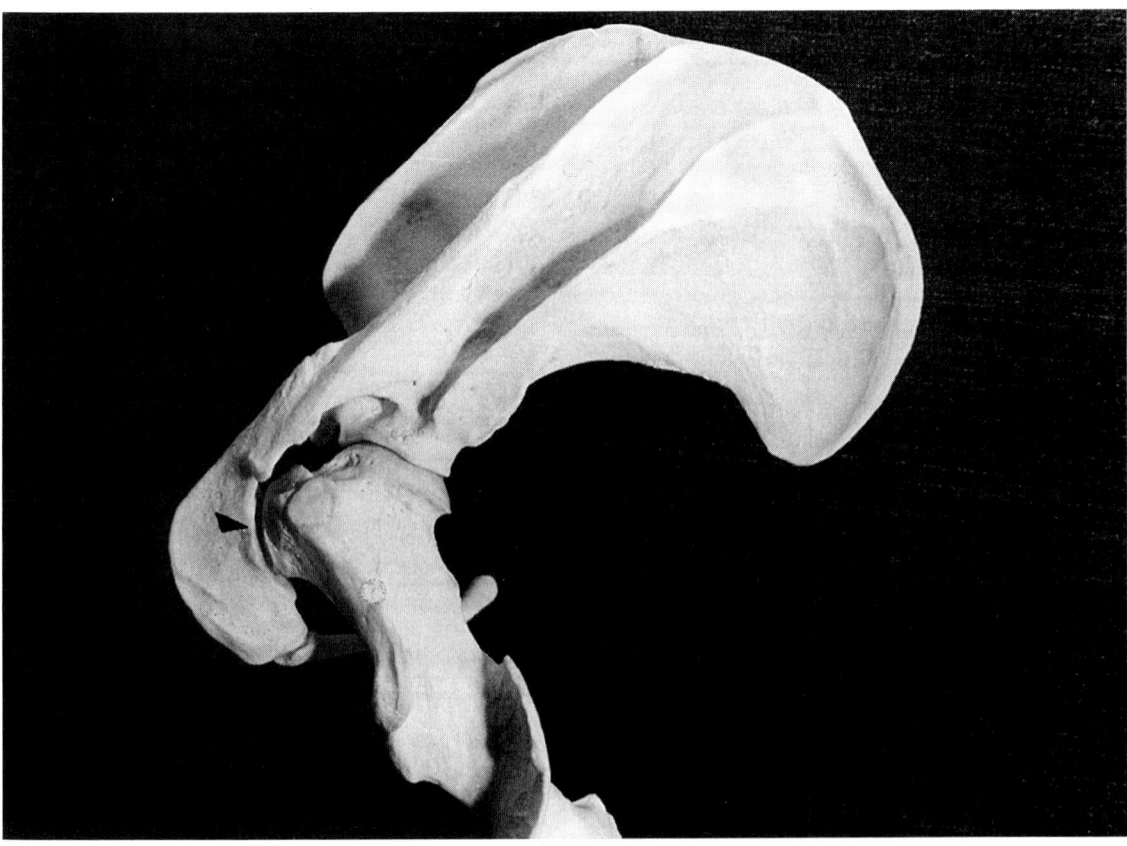

Abb. 10. *Priodontes maximus:* linke Scapula mit Humerus und Clavicula. Der Pfeil zeigt auf die Gelenkung des Humerus mit dem Acromion.

Systematik: Rezent: 8 Gattungen mit 20 Arten. Nach WETZEL (158) verteilen sich die 8 Gattungen auf fünf Gattungsgruppen (Tribus):

Tribus Dasypodini (Weichgürteltiere; Gattung *Dasypus*)
Tribus Tolypeutini (Kugelgürteltiere; Gattung *Tolypeutes*)
Tribus Priodontini (Riesen- und Nacktschwanzgürteltiere; Gattungen *Priodontes* und *Cabassous*)
Tribus Euphractini (Borstengürteltiere; Gattungen *Euphractus, Chaetophractus, Zaedyus*)
Tribus Chlamyphorini (Gürtelmulle; Gattung *Chlamyphorus*).

Über die verwandtschaftlichen Beziehungen der Chlamyphorini zu den übrigen Tribus herrschen unterschiedliche Auffassungen: Auf Grund von Besonderheiten des Rückenpanzers sowie des Schädelbaues galten sie mehrfach als eigene Unterfamilie Chlamyphorinae gegenüber den übrigen Tribus, die dann zur Unterfamilie Dasypodinae vereinigt wurden (45, 131). In einer allometrischen Analyse zeigte MOELLER (94) jedoch, daß der Schädel von *Chlamyphorus truncatus* in seinen Proportionen nähere Beziehungen zu dem der Borstengürteltiere (Euphractini) aufweist: Die Unterschiede in der Schädelform beider Tribus sind demnach weitgehend durch die Größe bedingt. MOELLER vereinigt daher die Gürtelmulle mit den Borstengürteltieren innerhalb einer Tribus (Euphractini) und erkennt den Gürtelmullen den Rang einer Untertribus (Chlamyphorina) zu. Entsprechend bilden die Gattungen *Euphractus, Chaetophractus* und *Zaedyus* eine Untertribus Euphractina. Andererseits weicht *Chlamyphorus* im Bau des Panzers so stark vom allgemeinen Schema der Gürteltiere ab, daß es angebracht erscheint, eine eigene Tribus Chlamyphorini beizubehalten. Nach MOELLER ist auch der Grad der Ähnlichkeit zwischen der Gattung *Chlamyphorus* und den Borstengürteltieren geringer als zum Beispiel der zwischen den Gattungen *Priodontes* und *Cabassous*, die zusammen die Tribus Priodontini bilden.

Die phylogenetischen Beziehungen zwischen den Tribus haben MOELLER (94) und ENGELMANN (32) anhand eines Phylogenese-Schemas mit annähernd gleichen Ergebnissen diskutiert (Abb. 11).

Die ursprünglichen oder abgeleiteten Merkmalskomplexe für die einzelnen Tribus sind in Anlehnung an MOELLER in Tab. 1 dargestellt. Den ursprünglichen Zustand im Bau des Panzers und in der Temporalregion zeigen die Dasypodini; alle anderen Gruppen sind demgegenüber abgeleitet. Daher haben sich vermutlich die Dasypodini vor der Aufspaltung der übrigen Tribus vom Hauptstamm der Dasypodiden abgezweigt (Abb. 11). Bei den Euphractini sind die Phalangen und Krallen ursprünglicher als bei Priodontini und Tolypeutini. Außerdem besaßen die zu den Euphractini zählenden ausgestorbenen Gattungen *Utaetus* (aus dem unteren Eozän Mittelpatagoniens) und *Macroeuphractus* (aus dem oberen Pleistozän der Pampasformation) ein heterodontes Gebiß oder mit Schmelz überzogene Zähne. Daraus ist zu schließen, daß die Euphractini nach dem Abzweigen der Dasypodini entstanden sind. Die Tolypeutini und Priodontini ähneln sich im Bau der Extremitäten (3. Kralle an der Vorderextremität besonders lang und sichelförmig gebogen, 2., 3. und 4. Zehe der Hinterextremität syndactyl und mit kurzen, breiten Krallen) sowie im Abschliff der Zähne. Diese Merkmale lassen auf eine gemeinsame Ahnform der beiden Tribus schließen. ENGELMANN (32) räumt dagegen den Tolypeutini eine von allen anderen Gattungen isolierte Stellung ein, weil sie fähig sind, sich zu einer Kugel einzurollen (32). Die Chlamyphorini zeigen nicht nur in den Schädelproportionen, sondern auch im Bau der Temporalregion und der Zähne auffällige Übereinstimmungen mit den Euphractini. Beide

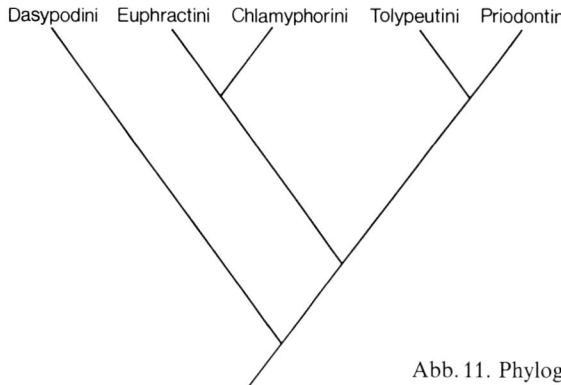

Abb. 11. Phylogenetische Beziehungen zwischen den Tribus des Dasypodidae. Nach MOELLER 1968 (verändert).

stammen vermutlich von gemeinsamen Vorfahren ab, wobei jedoch die Chlamyphorini auf Grund ihrer überwiegend unterirdischen Lebensweise und den damit verbundenen Anpassungen (Reduktion des Panzers, der Augen, der Ohrmuscheln und Verwachsung des Beckens mit dem Beckenschild) als hoch spezialisiert gelten müssen (80, 94).

Merkmalskomplex:	ursprünglicher Zustand	progressiver Zustand
Temporalregion:	offen: Entotympanicum halbringförmig, frei: Dasypodini; oder: Entotympanicum halbringförmig, mit Tympanicum verwachsen: Tolypeutini, Priodontini.	geschlossen: Entotympanicum nicht mehr halbringförmig, an Bildung der Bulla tympanica beteiligt: Euphractini, Chlamyphorini
Zähne:	Schmelzorgan vorhanden: Dasypodini, fossile Euphractini (+ *Utaetus*)	Kein Schmelzorgan vorhanden: rezente Euphractini, Tolypeutini, Priodontini, Chlamyphorini
	Milchzähne und Zahnwechsel: Dasypodini	Milchzähne höchstens als Anlagen im Zahnfleisch, kein Zahnwechsel: Euphractini, Tolypeutini, Priodontini, Chlamyphorini
	Heterodontes Gebiß mit prominenten Canini: fossile Euphractini (+ *Macroeuphractus*)	Homodontes Gebiß: rezente Euphractini und alle übrigen Tribus, Dasypodini jedoch mit zweiwurzeligen Milchzähnen
Panzer:	einzelne Knochenplatte im Corium von einer Vielzahl kleinerer, epidermaler Hornschuppen überlagert: Dasypodini	einzelne Knochenplatten jeweils von einer Hornschuppe deckungsgleich überlagert: Euphractini, Tolypeutini, Priodontini, Chlamyphorini
Phalangen:	alle Phalangen getrennt: Euphractini, Dasypodini, Chlamyphorini	Phalangen an Hinterextremität syndactyl: Tolypeutini, Priodontini
Krallen:	relativ einheitlich in Größe und Form: Euphractini	einzelne Krallen vergrößert und besonders differenziert: Dasypodini, Tolypeutini, Priodontini, Chlamyphorini

Tab. 1 Ausbildung von Merkmalskomplexen in ursprünglichem oder progressivem Zustand bei den einzelnen Tribus der Fam. Dasypodidae. Nach MOELLER (1968).

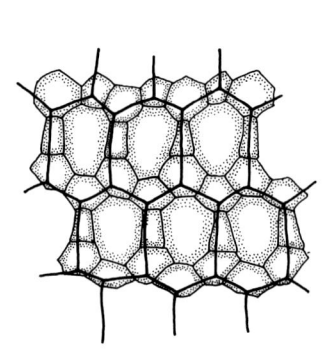
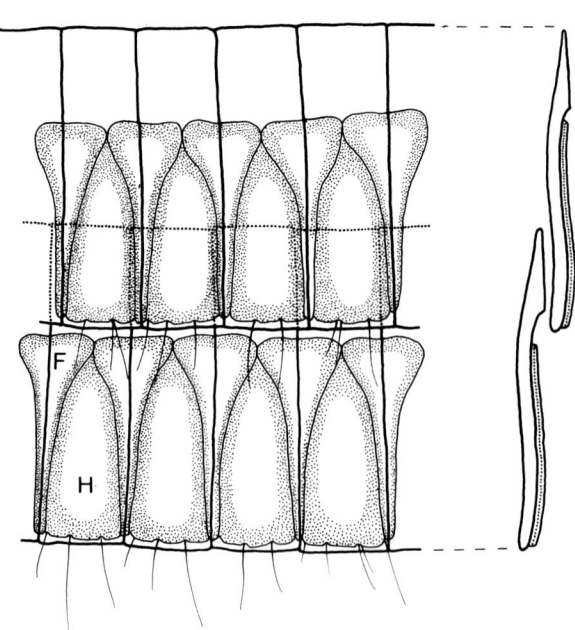

Abb. 12. *Dasypus* spec.: Anordnung von Knochenplatten im Corium (dicke Linien) und epidermalen Hornschuppen (dünne Linien, Randbereiche punktiert). Links: Ausschnitt aus dem Schulterschild; rechts: zwei Reihen der beweglichen Rückenbänder, die sich dachziegelartig überlagern, ganz rechts im Querschnitt. H – Hauptschuppe, F – Furchenschuppe.

Tribus Dasypodini
Weichgürteltiere

Kennzeichen: Panzer stark gewölbt, leicht und biegsam, aus Knochenplatten und Hornschuppen unterschiedlicher Form und Größe zusammengesetzt: Schulter- und Beckenschild aus größeren rundlichen und kleineren dreieckigen oder polygonalen Hornschuppen, wobei jede größere Schuppe sternförmig von 8 kleineren umgeben ist (Abb. 13 a). Die darunterliegenden Hautknochenplatten sind größer und hexagonal bis rechteckig; ihre Ränder decken sich nicht mit den Rändern der darüberliegenden Hornschuppen (Abb. 12 links). Die Knochenplatten tragen an ihrer Oberseite deutliche Rillen, die den Nahtstellen zwischen den darüberliegenden Hornschuppen entsprechen.

In der Rückenmitte 6 bis 10 bewegliche Bänder aus länglich rechteckigen Knochenplatten die von zweierlei Hornschuppenformen überlagert sind: Spitzwinklig dreieckigen Schuppen (Furchenschuppen nach WEBER, 152), deren Spitzen caudad gerichtet sind, und etwas breiteren dreieckigen Schuppen, bei denen die Spitze nach vorn gerichtet ist (Hauptschuppen, Abb. 13b). Die Grenzen zwischen zwei benachbarten Knochenplatten sind jeweils von einer der schmalen Furchenschuppen überdeckt (Abb. 12 rechts). Am Hinterrand des Schulterschildes liegt eine Reihe von Hornschuppen, die in Form und Anordnung denen der beweglichen Bänder entsprechen, aber mit dem Schulterschild unbeweglich verbunden sind.

Behaarung des Rückenpanzers (außer bei *Dasypus pilosus*) spärlich und unauffällig: Kurze und sehr dünne Haare entspringen zwischen benachbarten Schuppen des Schulter- und Beckenschildes sowie zwischen Haupt- und Furchenschuppen der beweglichen Bänder. Am Hinterrand der Hauptschuppen stehen längere, borstenartige Haare (Abb. 13b).

Obere Schuppenreihe des Kopfpanzers (außer bei *Dasypus kappleri*) durch eine Querfurche von den übrigen Schuppen mehr oder weniger deutlich abgesetzt; sie bildet ein „Diadem" (Abb. 14). Die Schwanzlänge beträgt mindestens 55% der Kopfrumpflänge. Der Schwanzpanzer besteht aus teleskopartig ineinander verschiebbaren Ringen, die durch flexible Hautfalten miteinander verbunden sind. Jeder Ring setzt sich aus drei Reihen miteinander verwachsener Schuppen zusammen. Schwanzende zugespitzt und mit Schuppen, die nicht in Ringen angeordnet sind. Ohrmuscheln groß, nahe beieinander auf der Kopfoberseite.

Krallen des 2. und 3. Fingers am längsten und stärksten. Am Fuß ist die 3. Kralle am größten.

1 Paar bruststständige und 1 Paar inguinale Zitzen.

Schädel dünnwandig, seine Elemente zum Teil transparent, mit langem Rostrum. Stirn breit und aufgewölbt (Abb. 15, 17, 18). Jochbogen wenig ausladend, lateral abgeplattet. Sutur zwischen Jugale und Squamosum nahezu vertikal. Tympanicum sehr klein, hufeisenförmig, nur an den äußersten Rändern mit Malleus und Squamosum verbunden. Die Zahnreihe des Oberkiefers erstreckt sich über zwei Drittel der Maxillaria. Zahnquerschnitt rund bis oval; Abschliff unregelmäßig giebelförmig, oder die Mitte der Kaufläche wirkt durch Abschliff wie ausgehöhlt. Zahnzahl variabel, durchschnittlich 7 bis 8 Zähne je Kieferhälfte (Tab. 2). Unterkiefer schmal, leicht gebaut; Symphyse lang, Processus articularis klein und horizontal abgeplattet, Processus angularis nur andeutungsweise vorhanden, Processus coronoideus bildet eine lange, aborad geschwungene Spitze.

Gattung ***Dasypus*** LINNAEUS 1758
Syst. nat., 10. Aufl., 1 : 50

Untergattung ***Dasypus*** LINNAEUS 1758

Kennzeichen: Panzer spärlich behaart. 6 bis 10 bewegliche Bänder. Schuppen an Unterschenkeln und Knien der Hinterextremitäten glatt, nicht spornartig verlängert. Vorderextremität mit 4 Zehen. Seitliche Gaumenkanten hinter den Backenzahnreihen abgerundet, hinterer Gaumenrand median eingebuchtet. Rostrum (Abstand zwischen Foramina lacrimalia und Vorderspitze der Nasalia, in die Mittellinie des Schädels projiziert) meist kürzer als 62% der Schädellänge. Penis an der Basis verdickt; seine Spitze mit zwei seitlichen Loben, zwischen denen die zugespitzte Glans penis hervortritt (162).

Dasypus novemcinctus LINNAEUS 1758
Neunbinden-Gürteltier Abb. 14 (Kopfschild), Abb. 15 (Schädel), Abb. 16 (Verbreitung).

1758 *Dasypus novemcinctus* LINNAEUS, Syst. Nat., 10. Aufl., 1 : 51. – Terra typica: Brasilien, Pernambuco.
1933 *Dasypus mazzai* YEPES, Physis 11 : 226 (partim). – Terra typica: Argentinien, Salta, Tabacal.

Kennzeichen: Schuppen in Rückenmitte schwärzlich, an den Seiten und am Schwanz gelblich braun. Bauch spärlich behaart. Meist 8 voll bewegliche Bänder sowie ein 9. Band, das nur an den Seiten beweglich mit dem Beckenschild verbunden, in Rückenmitte aber fest mit ihm verwachsen ist. Gelegentlich 7, 9 oder 10 voll bewegliche Bänder (Tab. 2). Diadem des Kopfpanzers aus relativ großen Schuppen zusammengesetzt

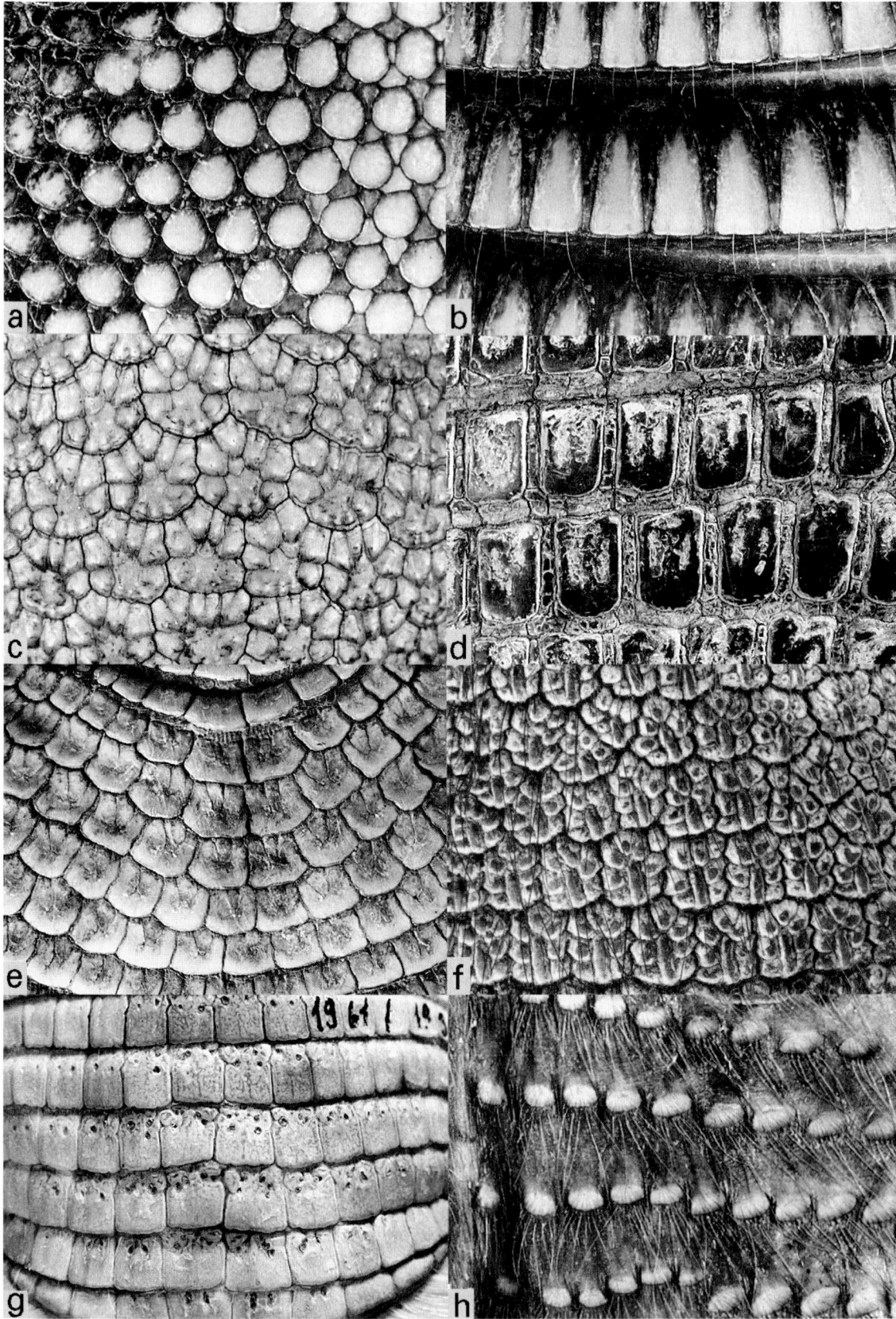

Abb. 13. Schuppenoberflächen verschiedener Gürteltierarten. a: *Dasypus novemcinctus* (Schulterschild); b: dasselbe Exemplar, bewegliche Bänder; c: *Tolypeutes matacus* (Beckenschild); d: *Priodontes maximus* (Beckenschild); e: *Cabassous tatouay* (Schulterschild), f: *Chaetophractus villosus* (Schulterschild); g: *Chlamyphorus retusus* (hinterste Schuppenreihen); h: *Cabassous tatouay*. Bauchseite mit isolierten Hornplättchen.

		Finger	Bewegliche Bänder zwischen Schulter- und Beckenschild	Bewegliche Nackenschild-reihen	Zähne pro Kieferhälfte [Oberkiefer / Unterkiefer]
Dasypodini	Dasypus novemcinctus	4	7–10	0	$\frac{7-8}{7-8}$
	Dasypus septemcinctus	4	6–7 (selten 8)	0	$\frac{6-8}{6-8}$
	Dasypus hybridus	4	7	0	$\frac{6-8}{7-8}$
	Dasypus sabanicola	4	7–8	0	$\frac{7-8}{7-8}$
	Dasypus kappleri	4–5	7–8	0	$\frac{8-9}{8}$
	Dasypus pilosus	4	10	0	$\frac{7-8}{7-8}$
Tolypeutini	Tolypeutes matacus	4 (selten 3)	2–4	0	$\frac{9}{9}$
	Tolypeutes tricinctus	5	2–4	0	$\frac{8}{8}$
Priodontini	Priodontes maximus	5	11–14	3	$\frac{14-27}{13-24}$
	Cabassous chacoensis	5	12	2–3	$\frac{7-10}{8-9}$
	Cabassous centralis	5	12	2–3	$\frac{7-10}{8-9}$
	Cabassous unicinctus	5	12	2–3	$\frac{7-10}{8-9}$
	Cabassous tatouay	5	12–13	2–3	$\frac{7-10}{8-9}$
Euphractini	Euphractus sexcinctus	5	6–8	1	$\frac{9}{10}$
	Chaetophractus nationi	5	7	1	$\frac{9}{10}$
	Chaetophractus vellerosus	5	6–7	1	$\frac{9}{10}$
	Chaetophractus villosus	5	8	1	$\frac{9}{10}$
	Zaedyus pichiy	5	7	1	$\frac{7-9}{7-10}$ (meist $\frac{8}{9}$)
Chlamyphorini	Chlamyphorus retusus	5	–[1]	0	$\frac{8}{8}$
	Chlamyphorus truncatus	5	–[1]	0	$\frac{8}{8}$

[1] kein Schulterschild ausgebildet

Tab. 2. Verschiedene äußere Merkmale und Zahnformeln der Dasypodidae

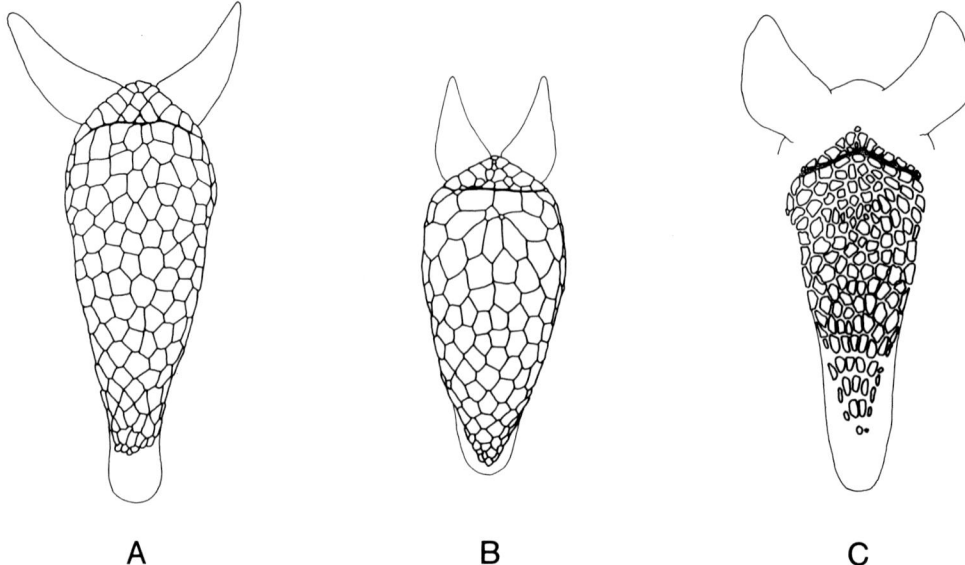

Abb. 14. Tribus Weichgürteltiere, Dasypodini: Kopfschilder und Diadem. Umrisse von Ohren und Schnauzenspitze angedeutet. A *Dasypus novemcinctus*; B *Dasypus hybridus*; C *Dasypus pilosus* (A u. B nach Museumsbälgen, C nach FRECHKOP & YEPES 1949).

(Abb. 14A). Schulterschild mit rundem Ausschnitt für den Kopf. 54 bis 65 (meist 60) Hauptschuppen am 4. beweglichen Rückenband. Ohrlänge ungefähr 46 % der Schädellänge. Schwanzlänge mindestens 70 % der Kopf-Rumpf-Länge (162). Letztes Schwanzdrittel gleichmäßig zugespitzt. Rostrumlänge (Abstand zwischen Foramina lacrimalia und Vorderkante der Nasalia in der Mittellinie des Schädels) beträgt ca. 55–63 % der CNL. Palatina dickwandig, in ganzer Länge miteinander verwachsen, ohne medianen Spalt, Choanenrand nur wenig eingebuchtet (Abb. 15). Gaumenlänge 66–71 % der Schädellänge (162). Meist 8 Zähne je Kieferhälfte, selten nur 6 oder 7.

Maße: KRL 356–573, SL 250–450, HF 66–110 (einschließlich der längsten Kralle, O 35–58; CNL 78,7–110,9; IOB 25,2–28,1; ZB 34,5–48,0; OZR 22,7–25,4; Gew. 2,65–6,25 kg (45, 62, 162).

Chromosomen: $2n = 64$; $NF = 82–88$; X-Chromosom submetazentrisch; Y-Chromosom akrozentrisch (61, 64).

Verbreitung (Abb. 16): Erster Nachweis für die USA 1854 in S-Texas, seither Ausdehnung des Verbreitungsgebietes nach N und O. Nördliche Verbreitungsgrenze verläuft derzeit von New Mexico und Colorado im W bis South Carolina im O (53). Auch auf den Antilleninseln Grenada, Margarita, Trinidad und Tobago (162). Begünstigt wurde die Ausbreitung nach N durch Rückgang der natürlichen Feinde in den südlichen USA, wie Rotwolf (*Canis niger*), Kojote (*Canis latrans*), Schwarzbär (*Ursus americanus*), Puma (*Felis concolor*), Jaguar (*Felis onca*), Ozelot (*Felis pardalis*) und Rotluchs (*Felis rufus*) durch Jagd des Menschen (39) und durch Aussetzen von Exemplaren in Florida.

Lebensraum: Sehr anpassungsfähig in der Wahl des Lebensraumes; in Gegenden mit geringem Baumbestand ebenso wie in Regenwäldern und Sümpfen vertreten (96).

	2n	NF	X	Y
Dasypus novemcinctus	64	82–88	SM	A
Dasypus hybridus	64	86	SM	A
Tolypeutes matacus	38	?	M	A
Priodontes maximus	50	?	SM	A
Cabassous centralis	62	?	SM	M
Euphractus sexcinctus	58	102	SM	SM/A
Chaetophractus villosus	60	90	A	A
Zaedyus pichiy	62	94	A	SM/A
Chlamyphorus truncatus	58	?	?	?

Tab. 3. Chromosomenzahl, Gesamtarmzahl (NF) und Form der Geschlechtschromosomen bei verschiedenen Gürteltierarten. SM = submetazentrisch, M = metazentrisch, A = akrozentrisch. Nach BENIRSCHKE et al. 1969 (7), HSU & BENIRSCHKE 1969 (50), JORGE et al. 1977 (54) und JORGE et al. 1985 (53).

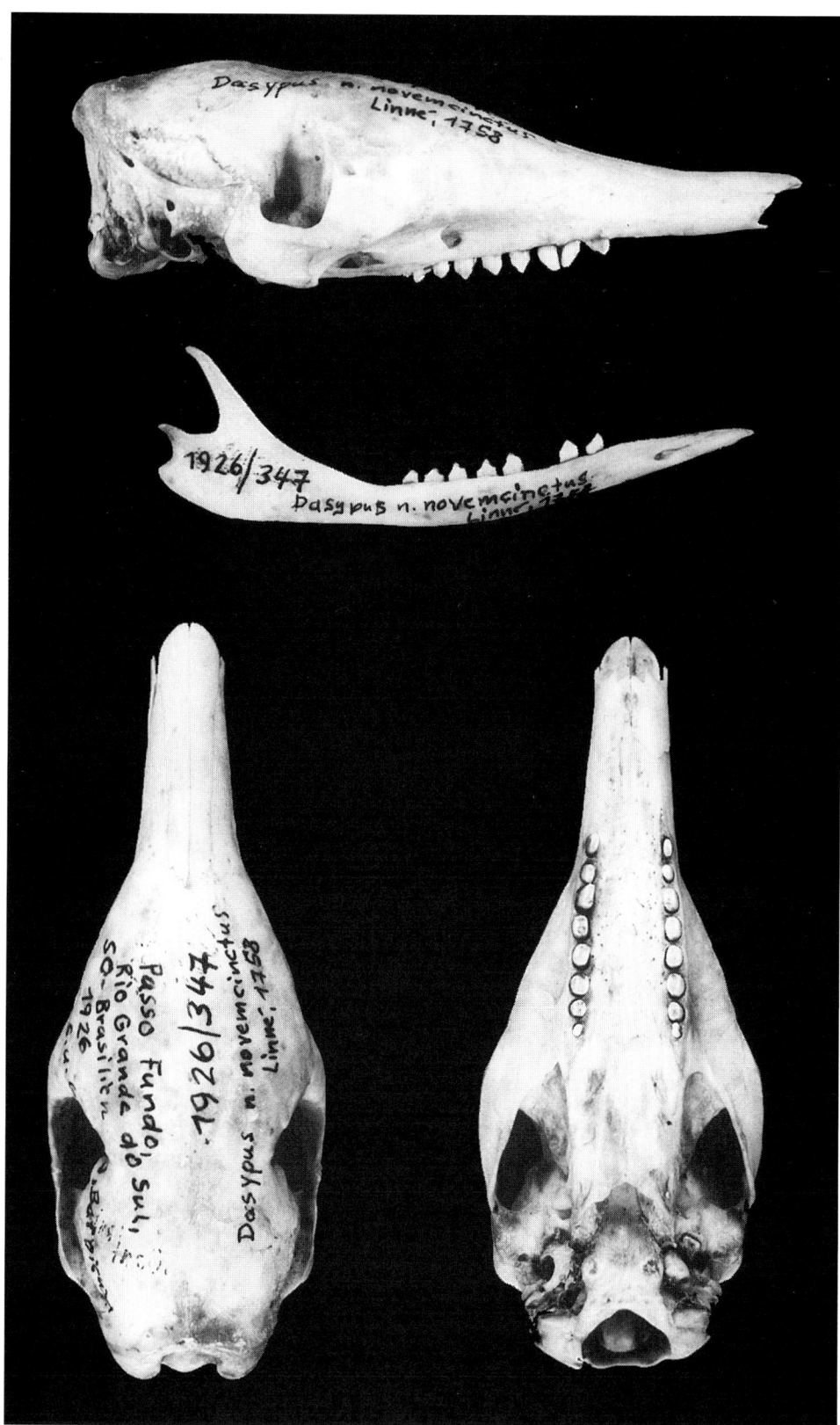

Abb. 15. *Dasypus novemcinctus:* Schädel. ZSM 1926/347, Passo Fundo, Rio Grande do Sul, Brasilien.

Dasypus septemcinctus LINNAEUS 1758
  Siebenbinden-Gürteltier Abb. 16 (Verbreitung)

1758 *Dasypus septemcinctus* LINNAEUS, Syst. Nat., 10. Aufl., **1** : 51. – Terra typica: Brasilien, Pernambuco.

Kennzeichen: Kleinste Art der Gattung. Panzer an den Seiten dunkler als bei *D. novemcinctus*. Meist 7 voll bewegliche Bänder und ein 8. Band, das nur an den Seiten beweglich mit dem Beckenschild verbunden ist. Diadem stärker vom Kopfpanzer abgesetzt als bei *D. novemcinctus* und aus Schildern einheitlicher Größe zusammengesetzt. 43 bis 50 Hauptschuppen am 4. beweglichen

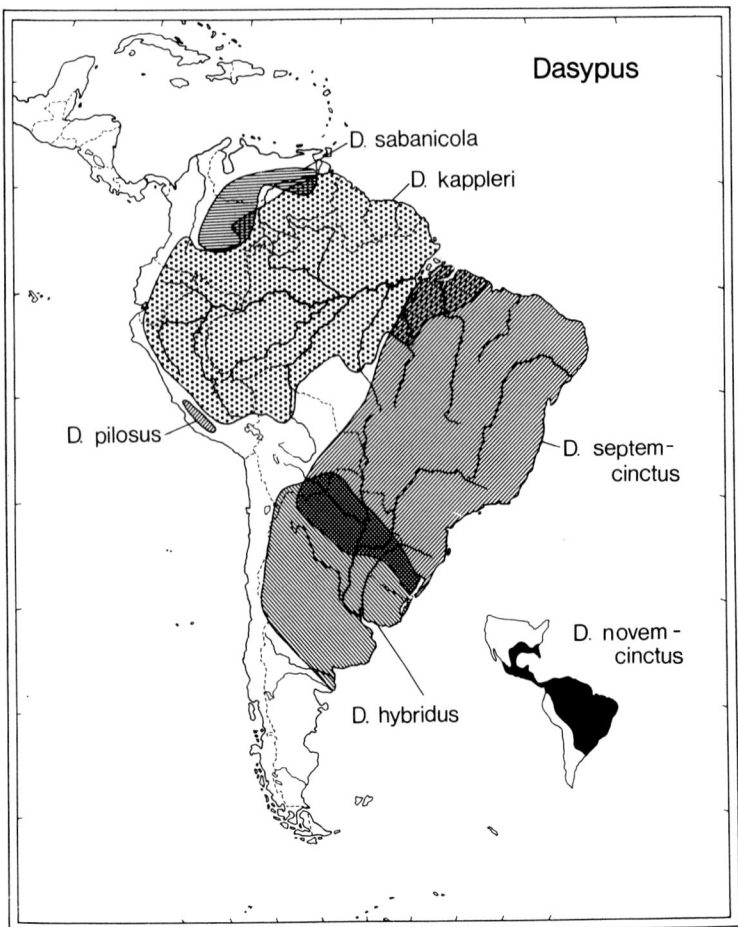

Abb. 16. Verbreitung der Arten der Gattung *Dasypus*. Nach WETZEL 1982, 1985a, b.

Rückenband. Ohrlänge etwa 50% der CNL, Schwanz länger als die halbe KRL, sein Umfang nimmt von der Basis an stärker ab als bei *D. novemcinctus*. Rostrum-Länge (Definition siehe bei *D. novemcinctus*) 53–57% der CNL; Gaumenlänge 61–66% der CNL (54, 162). Palatina dünnwandig, nicht in ganzer Länge miteinander verwachsen; sie lassen zur Choane hin einen medianen Spalt frei.

Maße: KRL 200–305; S 175–200; HF 45–75 (einschließlich der längsten Kralle); O 20–38; CNL 57,9–72,4; ZB 25,0–30,5; Gew. 1,45–1,80 kg (54, 162).

Verbreitung (Abb. 16): Brasilien von der Amazonas-Mündung (einschließlich der Inseln Marajo und Mexiana) nach S bis Rio Grande do Sul, nach W bis Mato Grosso, SO-Bolivien und N-Argentinien.

Lebensraum: Soll im Gegensatz zu *D. novemcinctus* offene, mit Gras bewachsene Campos bevorzugen (54).

Dasypus hybridus (DESMAREST 1804)
Abb. 14 (Kopfschild), Abb. 16 (Verbreitung), Abb. 17 (Schädel)

1804 *Loricatus hybridus* DESMAREST, Tabl. method. Mamm., 24 : 28. – Terra typica: Paraguay, Depto. Misiones, San Ignacio.
1933 *Dasypus mazzai* YEPES, Physis, 11 : 226 (partim). – Terra typica: Argentinien, Salta, Tabacal.

Kennzeichen: Klein; die Variationsbreiten der meisten Körper- und Schädelmaße überschneiden sich mit denen von *D. septemcinctus*. Wo beide Arten sympatrisch vorkommen, ist *D. septemcinctus* stets kleiner und hat weniger Schuppen am 4. beweglichen Rückenband (162). 50 bis 62 Hauptschuppen am 4. beweglichen Band. Diadem ähnlich wie beï *D. septemcinctus* durch eine deutliche Querfalte vom übrigen Kopfpanzer abgesetzt (Abb. 14 B). Schwanz länger als die halbe KRL; Ohren kurz, etwa 39% der CNL; Rostrum 55–58% der CNL; Gaumenlänge 63 bis 70% der CNL (162).

Maße: KRL 281–312; S 150–185; HF 57–69; O 26–30; CNL 66,3–75,5; ZB 29,5–32,8; Gew. etwa 2 kg (162).

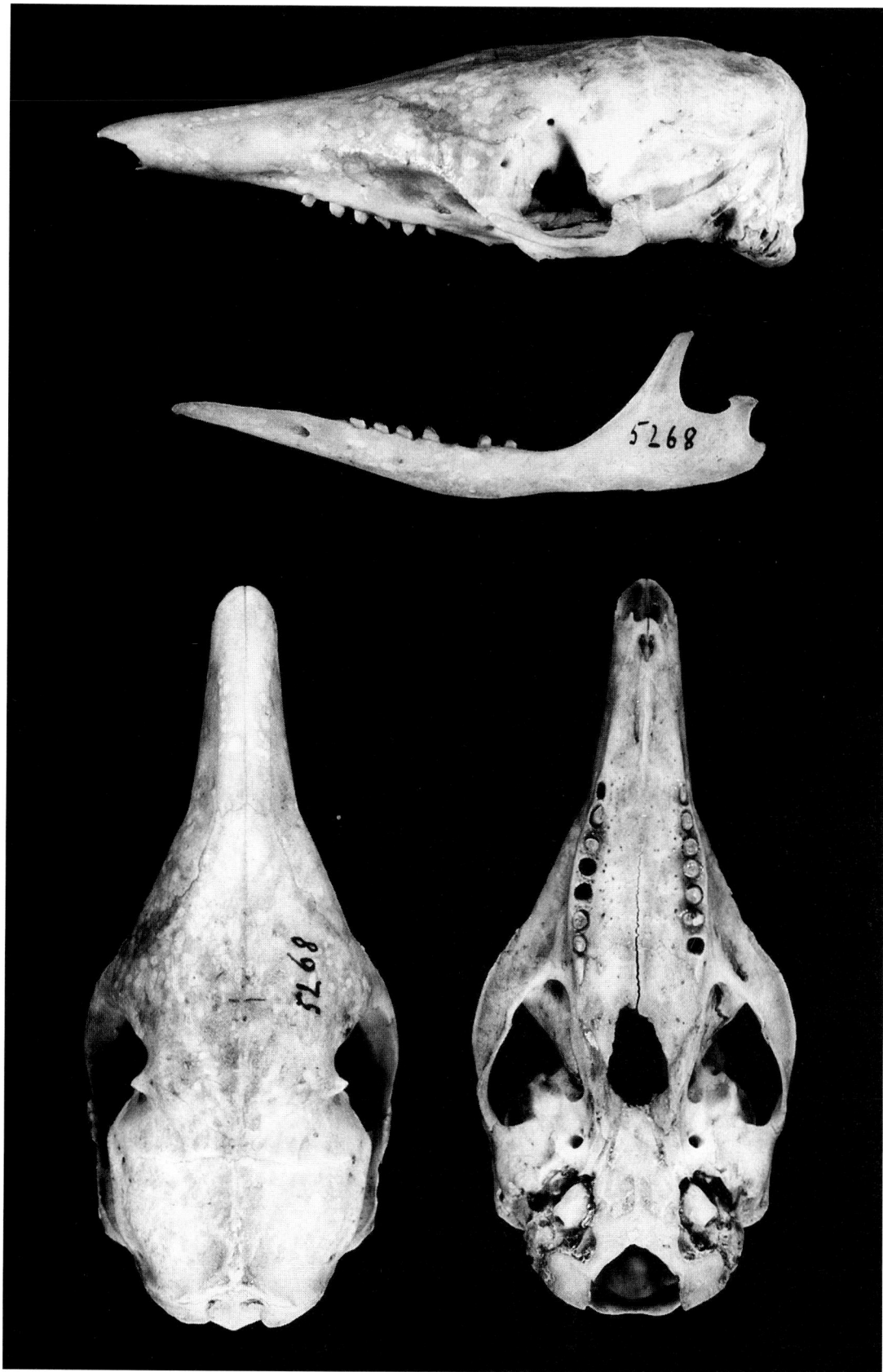

Abb. 17. *Dasypus hybridus:* Schädel SMF 5268, Rio Grande do Sul, Brasilien. Vgl. WETZEL & MONDLFI 1979, S. 55.

Chromosomen: 2n = 64; NF = 86; X-Chromosom submetazentrisch; Y-Chromosom akrozentrisch (64, 65).

Verbreitung (Abb. 16): O-Paraguay, S-Brasilien (südlicher Mato Grosso und Rio Grande do Sul), Uruguay und N-Argentinien.

Dasypus sabanicola MONDOLFI 1968
    Abb. 16 (Verbreitung)

1968 *Dasypus sabanicola* MONDOLFI, Mem. Soc. Cienc. Nat. La Salle, **27** : 151. – Terra typica: Venezuela, Apure, Achaguas, Hato Macanillal.

Kennzeichen: Klein, im Habitus ähnlich *D. septemcinctus*. Meist 8 bewegliche Rückenbänder; ein 9. Band nur an den Seiten beweglich. Selten 7 voll bewegliche und ein 8. zum Teil bewegliches Band. 46 bis 55 Hauptschuppen am 4. beweglichen Rückenband. Ohrlänge etwa 40 % der CNL, Schwanzlänge 56 bis 74 % der KRL, länger als bei *D. septemcinctus* und *D. hybridus*, aber kürzer als bei *D. novemcinctus*. Rostrumlänge 54 bis 58 % der CNL, Gaumenlänge 63 bis 69 % der CNL. Gaumenregion ähnlich wie bei *D. novemcinctus*.

Maße: KRL 253–314; S 175–210; HF 60–70; O 22–29; CNL 60,0–72,1; ZB 28,2–33,4; Gew. 1–2 kg (96, 162).

Verbreitung (Abb. 16): Llanos von Venezuela und Kolumbien.

Lebensraum: Savanne, offene Graslandschaften, in Höhen zwischen 60 und 100 m über dem Meer.

Untergattung **Hyperoambon** PETERS 1864
    M.ber. preuss. Akad. Wiss. Berlin, **1864**: 180.

Kennzeichen: Rückenpanzer spärlich behaart. 7 bis 8 bewegliche Bänder. Spornartige Schuppen in Querreihen am Unterschenkel der Hinterextremität, seitliche Kanten des harten Gaumens hinter den Zahnreihen gekielt, Choanen-Rand gerade, Penis distal ohne seitliche Anhänge, Glans penis nach ventral abgebogen, stumpf.

Dasypus kappleri KRAUSS 1862
    Kappler-Weichgürteltier Abb. 16 (Verbreitung), Abb. 18 (Schädel)

1862 *Dasypus kappleri* KRAUSS, Arch. Naturgesch., Berlin, **28** (1) : 20. – Terra typica: Surinam, Marowijne River.

Kennzeichen: Größte Art der Gattung und zweitgrößte Art der Familie (nach *Priodontes maximus*). Kopf- und Rückenpanzer oberseits bläulich oder bräunlich, Körperseiten und Schwanzspitze gelblich. 51 bis 62 Hauptschuppen am 4. beweglichen Rückenband. Von den Arten der Untergattung *Dasypus* durch bedeutendere Größe und folgende Merkmalen unterschieden: Vorderseite des Unterschenkels mit 2 bis 3 Reihen spitzer, krallenartiger, bis etwa 2 cm langer Hornschilder, Vorderrand des Schulterschildes mit eckigem Ausschnitt für den Kopf. Vorderextremität mit 5 Zehen; die 5. (äußere) sehr klein, manchmal fehlend. Ränder des harten Gaumens bilden bis 2 mm hohe Leisten, die in Verlängerung der Molarenreihen aborad bis zum Choanenrand ziehen (Abb. 18). Am Choanenrand wirken diese Leisten aufgebläht. Hinterrand der Palatina gerade, nicht eingebuchtet. Kopfpanzer ohne Diadem; zwischen den Ohren einige längliche, lederartige Warzen. Ohren kurz, ungefähr 35 % der KRL betragend. Schwanzlänge 64 bis 84 % der KRL.

Maße: KRL 510–575; S 325–483; HF 110–135; O 40–55; CNL 112,1–135,0; IOB 26,5–29,0; ZB 46,0–55,3; OZR 28,8–32,0; Gew. 8,5–10,5 kg (62, 84, 162).

Verbreitung (Abb. 16): Kolumbien östlich der Anden, Venezuela südlich des Rio Orinoco, Britisch und Französisch-Guayana, Surinam, Amazonas-Becken bis Ecuador, Peru, N-Brasilien und N-Bolivien.

Untergattung **Cryptophractus** FITZINGER 1856
    Versamml. deutsch. Naturf. Ärzte Wien, **6** : 123.

Rücken dicht behaart, Schuppen unter dem Haarkleid verborgen. Rostrum sehr lang und schlank.

Dasypus pilosus (FITZINGER 1856)
    Pelzgürteltier Abb. 14 (Kopfschild), Abb. 16 (Verbreitung)

1856 *Cryptophractus pilosus* FITZINGER, loc. cit. – Terra typica: Peru. Von WETZEL & MONDOLFI (162) eingeschränkt auf gebirgige Teile Perus.
1862 *Praopus hirsutus* BURMEISTER, Abhandl. Naturf. Ges. Halle, **6** : 147. – (Terra typica): Ecuador (?), Guayaquil (vgl. 162).

Kennzeichen: Einzige Art der Gattung mit einem dichten, gelblich-braunen Haarkleid, das den gesamten Körper mit Ausnahme des Kopfschildes bedeckt, am Rücken dichter als am Bauch. 10 bewegliche Bänder, 11. Band an den Seiten beweglich. Am Bauch 10 deutliche Faltenreihen in Fortsetzung der beweglichen Bänder. Kopfschild schmaler und länglicher als bei den übrigen Arten der Gattung, Diadem stärker abgesetzt. Schulter- und Beckenschild von geringerer Ausdehnung als bei den anderen *Dasypus*-Arten, aus kleineren Schuppen zusammengesetzt (45). Rostrum und Gaumen relativ länger als bei allen anderen Arten der Gattung, Rostrumlänge beträgt 66 bis 68 % der CNL und Gaumenlänge 70 bis 76 % der CNL (162). Palatina mit einem medianen Spalt zur Choane hin (94).

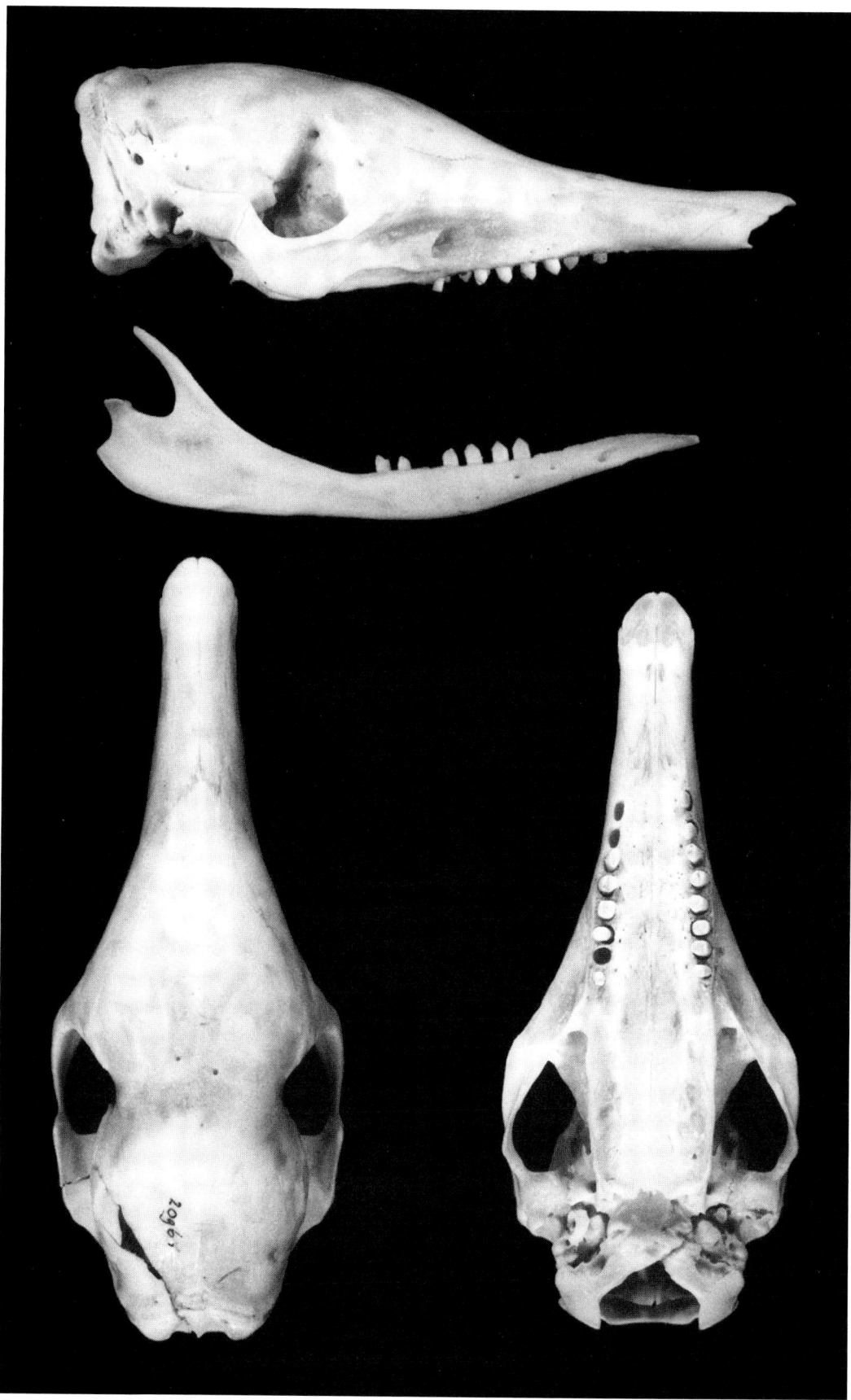

Abb. 18. *Dasypus kappleri:* Schädel. RMNH 20964, Hebiweri, oberer Coppename, Saramacca District, Surinam.

Maße: KRL 440; S 310; HF 62–70; CNL 88–110; ZB 35,3 (n = 1 oder 2; 162).

Verbreitung (Abb. 16): Gebirgige Landesteile von Peru und Ecuador.

Tribus Tolypeutini
Kugelgürteltiere

Kennzeichen: Die Tiere können sich durch Kontraktion des Rumpfhautmuskels (Panniculus carnosus) zu einer Kugel zusammenrollen; Kopfschild und Schwanz liegen dann nebeneinander und füllen die Lücke zwischen Vorderrand des Schulterschildes und Hinterrand des Beckenschildes aus (Abb. 19). Brust- und Beckenschild stark gewölbt, die Extremitäten seitlich so überdeckend, daß sie sich beim Zusammenrollen unter den Panzer zurückziehen lassen. 2 bis 4 bewegliche Bänder. Hautknochenplatten und Hornschuppen liegen deckungsgleich übereinander.

Hornschuppen außerordentlich dick und grob skulpturiert; bei jungen Tieren mit warzenähnlichen Tuberkeln, bei älteren Tieren mehr oder weniger glatt (durch mechanischen Abrieb?). Schuppen des Kopfschildes etwa rechteckig bis quadratisch, diejenigen des Schulter- und Beckenschildes pentagonal bis hexagonal (Abb. 13c). Die Schuppen der beweglichen Rückenbänder sind länglich-rechteckig. Das länglich tropfenförmige Kopfschild besteht aus einer marginalen und 1 bis 2 zentralen, unregelmäßigen Schuppenreihen (Abb. 20). Panzer sehr spärlich behaart; einzelne Haare zwischen den Schuppen von Schulter- und Beckenschild sowie am Hinterrand der beweglichen Bänder kurz, außerordentlich dünn, mit bloßem Auge kaum sichtbar. Panzerrand von kräftigeren, weißlichen Borsten eingesäumt. Ohren sehr klein, verschwinden beim eingerollten Tier unter dem Schulterschild. Schwanz kurz, allseitig mit alternierend angeordneten, rundlich-kugelförmigen Schuppen bedeckt. Hinterfuß mit 5 Zehen; die beiden äußeren zurückgesetzt, die drei mittleren miteinander verwachsen (syndactyl) und mit kurzen, hufähnlichen Krallen. Vorn unguligrad, hinten semiplantigrad.

Schädel (Abb. 21) ähnlich dem von *Dasypus* leicht und dünnwandig; Hirnschädel stark gewölbt, Jochbogen wenig ausladend, schmaler und weniger lateral abgeplattet als bei *Dasypus*. Supraoccipitale bildet kräftigen Nuchalwulst. Tympani-

Abb. 19. *Tolypeutes matacus*, zur Kugel eingerollt (präpariertes Museumsexemplar). Kopfschild (links) und Schwanz (rechts) füllen den Ausschnitt zwischen Schulter- (oben) und Beckenschild (unten) fast vollständig aus.

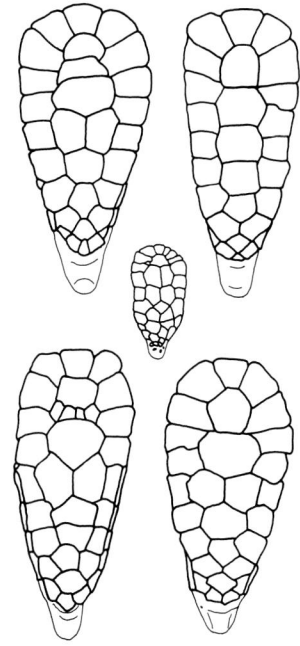

Abb. 20. *Tolypeutes matacus:* Variationen des Kopfschildes. Nach SANBORN 1930.

cum als oben offener Ring, teilweise mit dem Entotympanicum verwachsen.

Vulva schlauchförmig verlängert mit stark entwickelter Klitoris (weil infolge der Panzerwölbung eine Kopulation erschwert ist). Zwei bruststándige Zitzen.

Systematik: 1 Gattung mit 2 Arten, die offenes Grasland und Buschwälder bewohnen. Graben keine Bauten. Stets nur 1 Jungtier.

Gattung **_Tolypeutes_** ILLIGER 1811
Prodr. Syst. Mamm. et Avium : 111

Tolypeutes matacus (DESMAREST 1804)
Kugelgürteltier Abb. 19 (eingerolltes Tier), Abb. 20 (Kopfschild), Abb. 21 (Schädel), Abb. 22 (Verbreitung)

1804 *Loricatus matacus* DESMAREST, Tab. meth. Mamm. : 28. – Terra typica: Argentinien, Tucumán, Provinz Tucumán.
1847 *Tolypeutes conurus* I. GEOFFROY, Rev. Zool. Paris: 137. – Terra typica: Bolivien, Santa Cruz de la Sierra.

Kennzeichen: Vorderextremität gewöhnlich mit 4 Zehen, die äußerste (5.) fehlt; selten fehlen die 1. und 5. Zehe. 9 Zähne in jeder Kieferhälfte, obere Zahnreihe beginnt kurz hinter der Praemaxillo-Maxillar-Naht. Kleinster Zahn im Oberkiefer ist der vorderste (94). Beckenschild mit 15 bis 18 transversalen Schuppenreihen (122).

Maße: KRL 350–450; S etwa 90 (94).

Chromosomen: $2n = 38$, NF = 76; X-Chromosom metazentrisch; Y-Chromosom akrozentrisch (64, 65)

Verbreitung (Abb. 22): SW-Brasilien, SO-Bolivien, Paraguay und Argentinien bis N-Patagonien. Kann nach KRUMBIEGEL (73) nicht schwimmen und fehlt deshalb östlich des Rio Paraguay.

Tolypeutes tricinctus (LINNAEUS 1758)
Dreibinden-Gürteltier Abb. 22 (Verbreitung)

1758 *Dasypus tricinctus* LINNAEUS, Syst. Nat., 10. Aufl., 1 : 51. – Terra typica: Brasilien, Pernambuco.

Kennzeichen: Vorderextremität mit 5 Zehen. 8 Zähne je Kieferhälfte. Oral und aboral bleibt ein Teil des Maxillare zahnlos. Kleinster Zahn im Oberkiefer ist der hinterste (94). Beckenschild mit 13 bis 14 transversalen Schuppenreihen (122).

Verbreitung (Abb. 22): NO-Brasilien.

Tribus Priodontini
Riesen- und Nacktschwanz-Gürteltiere

Kennzeichen: Panzer breiter und weniger stark gewölbt als bei Dasypodini und Tolypeutini. Schuppen am gesamten Rückenpanzer in Größe und Form sehr einheitlich und in zahlreichen Querreihen angeordnet, von denen in Rückenmitte 11 bis 14 beweglich miteinander verbunden sind. Zwischen Kopf- und Schulterschild 2 oder 3 Reihen Nackenschilder (Abb. 23). Oberfläche der Schuppen glatt (Abb. 13 d, e). Spärliche Behaarung in Form kurzer Borsten, die am Hinterrand jeder Schuppenreihe entspringen.

Vordere Krallen sichelartig gekrümmt, die des 3. Fingers am längsten und stärksten. Schnauze rundlich und stumpf, Ohren groß.

Schädel massiv gebaut, wenig pneumatisiert. Frontalia an den Schädelseiten kuppelförmig aufgebläht (Abb. 24, 26, 28). Supraoccipitale mit kräftigen Nuchalwülsten. Jochbogen in der Mitte verbreitert, Sutur zwischen Jugale und Squamosum horizontal. Tympanicum halbringförmig, Mandibel schlank mit langer Symphyse. Gelenkfortsatz des Unterkiefers höher als Coronoidfortsatz. Praemaxillare und orales Viertel des Unterkiefers zahnlos.

Manubrium sterni bei beiden Gattungen der Tribus an der Ventralseite mit einem Längskamm, besonders ausgeprägt bei *Priodontes*.

Gattung **_Priodontes_** F. CUVIER 1825
Des Dents des Mammifères: 257.

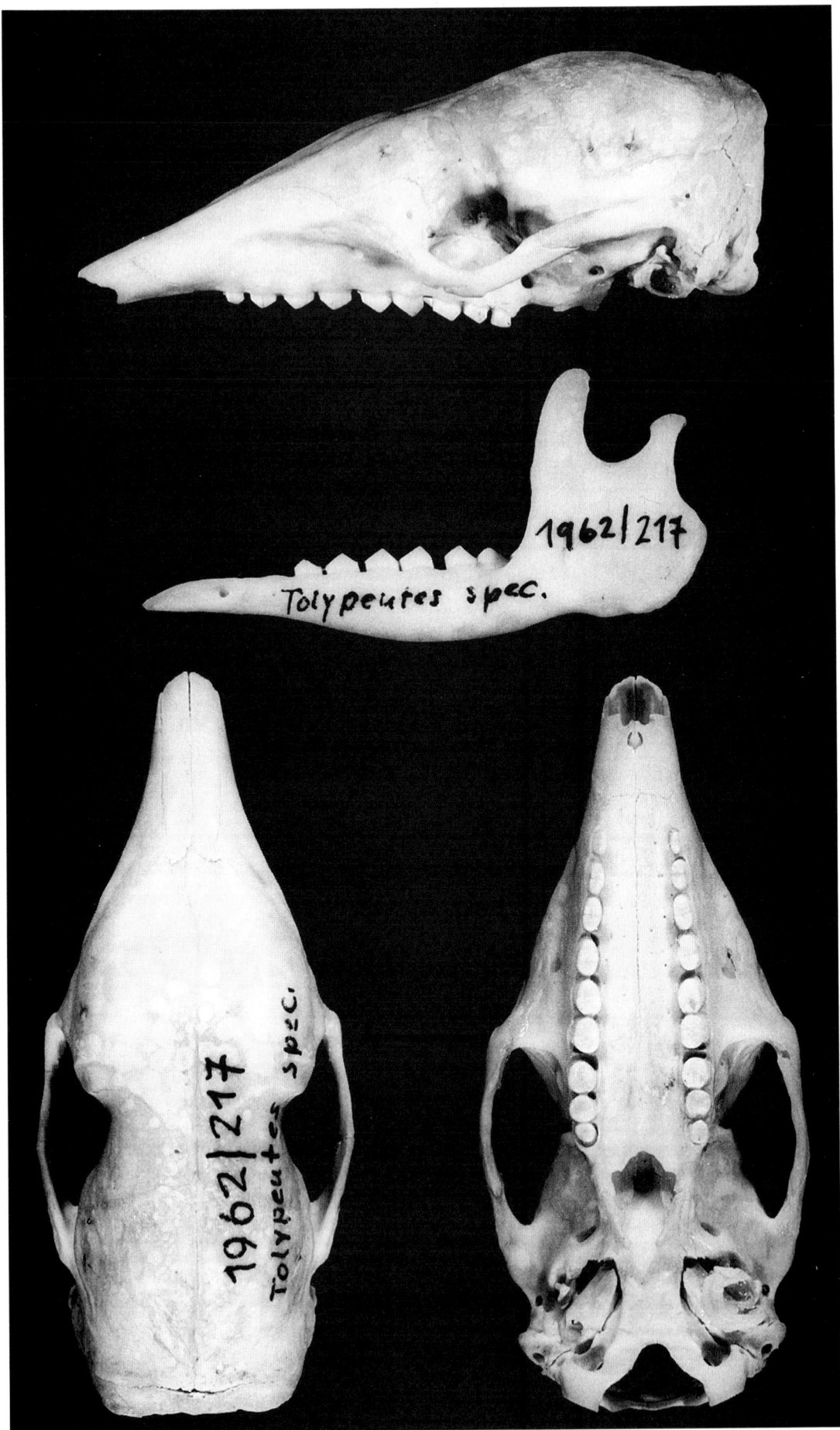

Abb. 21. *Tolypeutes matacus:* Schädel. ZSM 1962/217, ohne Fundortangabe.

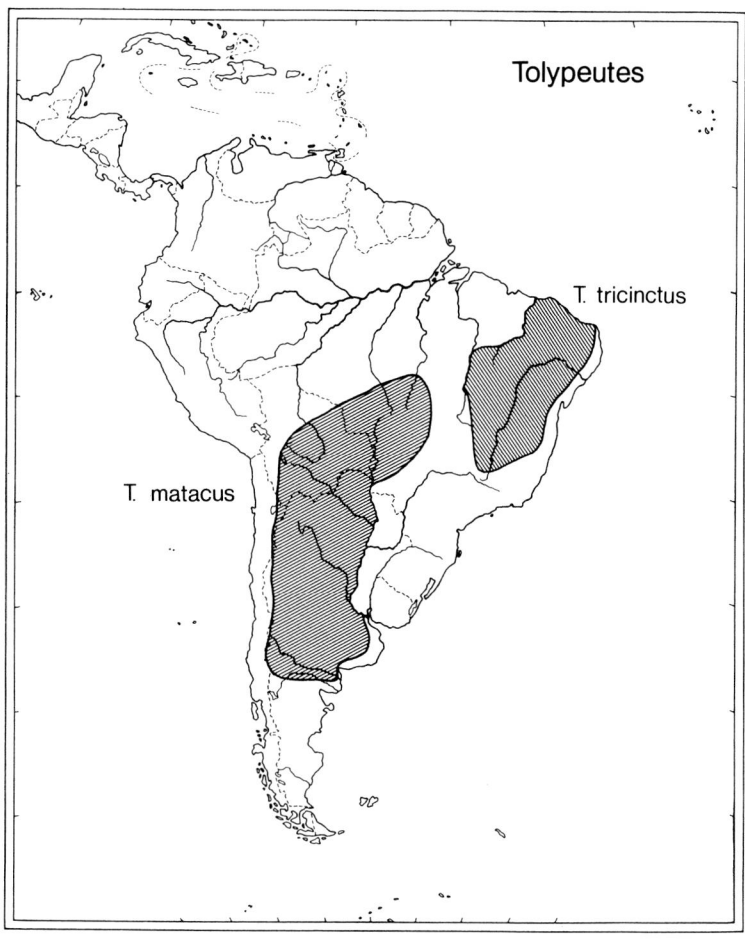

Abb. 22. Verbreitung von *Tolypeutes tricinctus* und *T. matacus*. Nach WETZEL 1982, 1985b.

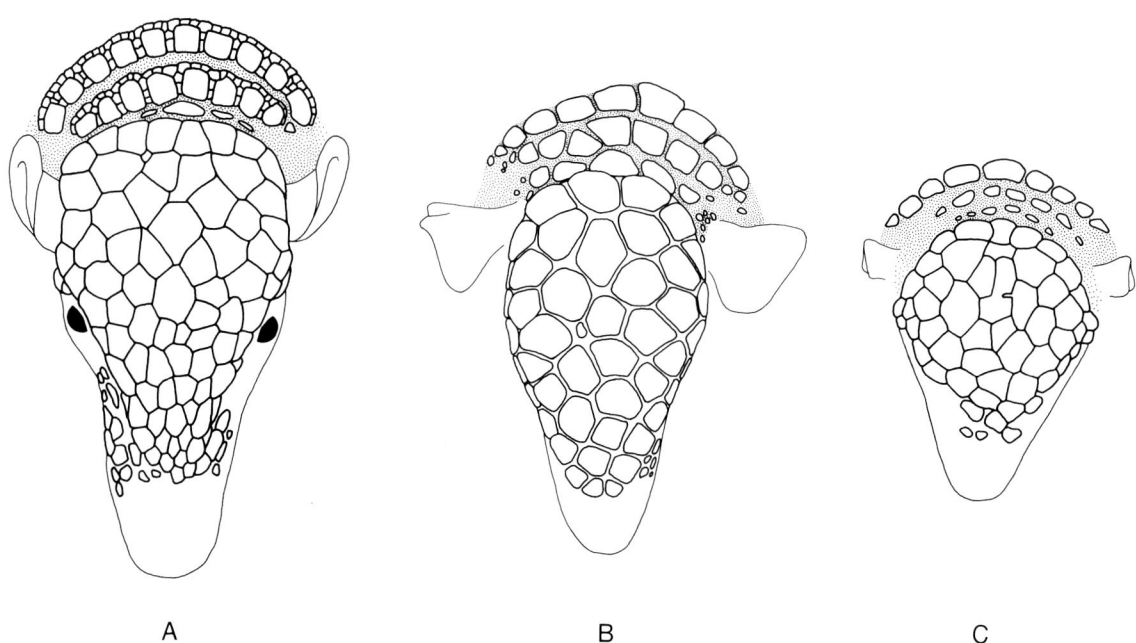

Abb. 23. Tribus Riesen- und Nacktschwanzgürteltiere, Priodontini: Kopfschilder und drei Nackenschildreihen. Punktiert: häutige Verbindung der Nackenschildreihen. A *Priodontes maximus*; B *Cabassous tatouay*; C *Cabassous chacoensis*. Nach Museumsbälgen gezeichnet, nicht maßstäblich.

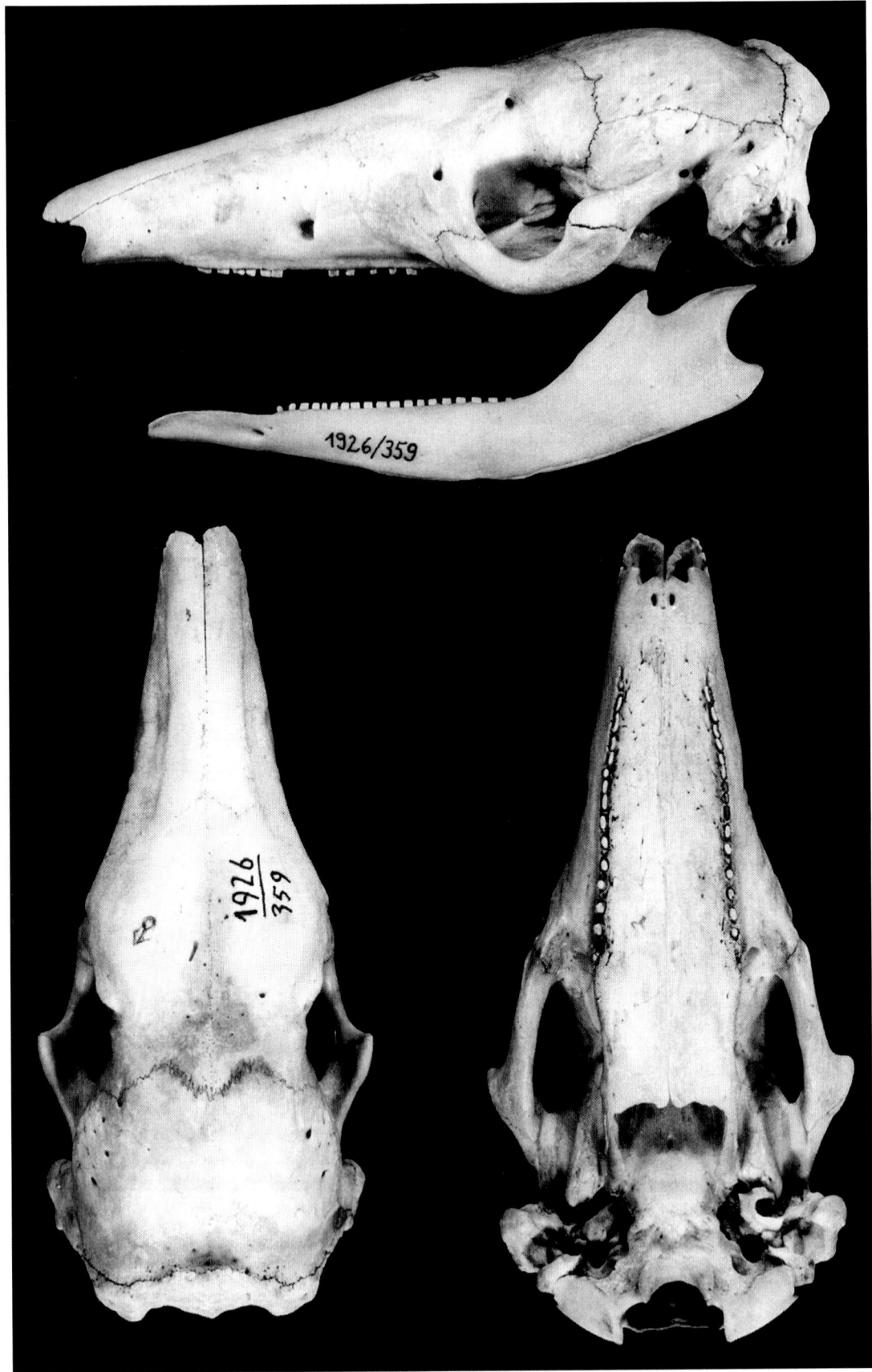

Abb. 24. *Priodontes maximus:* Schädel. ZSM 1926/359, El Cerro, Chiguitos, Bolivien.

Priodontes maximus (KERR 1792)
Riesengürteltier Abb. 23 (Kopfschild), Abb. 24 (Schädel), Abb. 25 (Verbreitung)

1792 *Dasypus maximus* KERR, Anim. Kingdom: 112. – Terra typica: Französisch-Guayana, Cayenne.
1803 *Dasypus giganteus* GEOFFROY ST.-HILAIRE, Catal. Mamm. Mus. Paris: 207. – Terra typica: Paraguay, Pirayú (vgl. CABRERA 19 : 218).

Kennzeichen: Rückenpanzer dunkelbraun, Seitenkanten gelblich. Schulterschild mit 8 bis 10 unregelmäßigen Schuppenreihen, Beckenschild mit 16 bis 17 Reihen. Knochenplatten des Rückenpanzers unregelmäßig pentagonal bis hexagonal, darüberliegende Hornschuppen etwas kleiner. Zwischen den Hornschuppen des gesamten Rückenpanzers liegen zahlreiche kleine Hornschüppchen („Zwischenschuppen") (Abb. 13 d), die jedoch nicht von Knochenplatten unterlagert sind. Schuppen des Kopfschildes zur Schnauzenspitze hin klein und zahlreich, zu den Ohren hin größer (Abb. 23 A). Zwischen Kopfschild und Schulterschild drei Reihen von Nackenschildern; erstes Band des Schulterschildes beweglich.

Borsten kurz und unauffällig. Schwanz lang und kräftig, vollständig gepanzert mit kleinen, rundlichen Schuppen, die alternierend, aber nicht in Ringen angeordnet sind. Vorderextremität mit 5 Krallen, die mittlere drei- bis viermal so groß wie die seitlichen, sichelförmig gekrümmt, bis 20 cm lang. Vorderpfote bildet nach KÜHLHORN (78) eine „Spitzhacke" zum Graben in wurzeldurchsetztem Urwaldboden sowie zum Aufschlagen von Termitenbauten. Hinterfuß mit 5 syndactylen Zehen und 5 kurzen, breiten Krallen.

Zähne klein, Zahnquerschnitt oval bis plättchenförmig, Zahnzahl vermehrt (Abb. 24 und Tab. 2). Zähne stecken nicht tief im Kiefer und fallen oft schon zu Lebzeiten des Tieres aus. Zunge lang und wurmförmig als Anpassung an Nahrung aus kleinen Insekten (78).

Maße: KRL 800–1000; S etwa 500; HF 140–165; O 35–45; CNL 176–199; IOB 47,0–49,1; ZB 81–82; OZR 69,0–71,1; Gew. etwa 50 kg (45, 62, 84).

Chromosomen: 2n = 50; NF = 80; X-Chromosom metazentrisch bis submetazentrisch; Y-Chromosom akrozentrisch bis oder metazentrisch (64, 65).

Verbreitung (Abb. 25): Östlich der Anden: Venezuela, Kolumbien, Französisch- und Britisch-Guayana, Surinam, nach S bis N-Argentinien und östliches Brasilien.

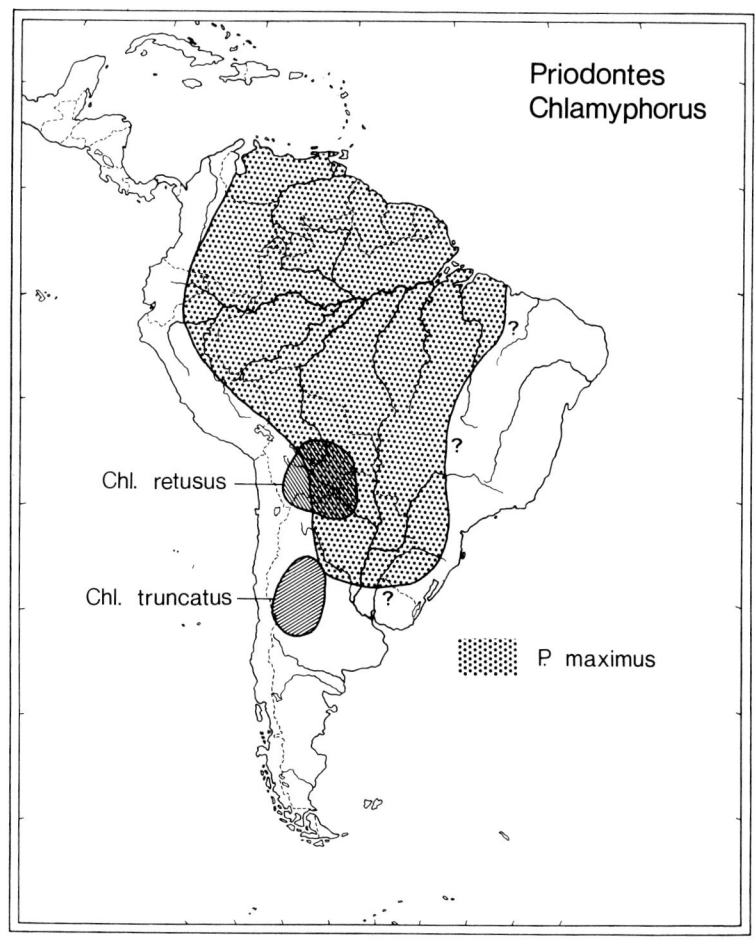

Abb. 25. Verbreitung von *Priodontes maximus*, *Chlamyphorus retusus* und *Ch. truncatus*. Nach WETZEL 1982, 1985b.

Gattung *Cabassous* McMurtrie 1831
Anim. Kingdom, 1: : 164

Kennzeichen: Ähnlich der vorigen Gattung, aber kleiner, KRL weniger als 495, CNL weniger als 125. Schwanz kürzer, ohne Hautknochen-Schilder, ungepanzert oder mit kleinen Hornschuppen, die zerstreut und unregelmäßig angeordnet sind („Nacktschwanz-Gürteltiere"). Kleine Zwischenschuppen nur am Hinterrand der beweglichen Bänder, im Gegensatz zu *Priodontes* nicht zwischen benachbarten Schuppen innerhalb einer Querreihe (Abb. 13e). Mittlere Kralle der Vorderextremität ragt weniger vor als bei *Priodontes*. Schuppen des Kopfschildes groß, unregelmäßig. Ohrmuscheln tütenförmig, lassen sich zusammenfalten. Nasenlöcher von einer Borstenreihe umgeben.

Zähne größer und in geringerer Zahl vorhanden als bei *Priodontes* (Abb. 26, 28 und Tab. 2). Zahnquerschnitt rund bis quer oval, Zahnabschliff plan bis leicht giebelförmig, Zahnreihen parallel oder rostrad leicht konvergierend. Zahngröße nimmt von der Mitte der Zahnreihe nach vorn und hinten ab. Processus articularis höher als der Processus coronoideus.

Systematik lange Zeit ungeklärt, nach letzter Revision (157) vier Arten.

Cabassous chacoensis Wetzel 1980
Chaco-Nacktschwanz-Gürteltier Abb. 23 (Kopfschild), Abb. 26 (Schädel), Abb. 27 (Verbreitung)

1980 *Cabassous chacoensis* Wetzel, Annals of Carnegie Museum **49**: 232. – Terra typica: Paraguay, Dept. Presidente Hayes, 5 bis 7 km westlich Estania Juan de Zalazar.

Kennzeichen: Kleinste Art der Gattung. Ohr kürzer als 20 mm, im Gegensatz zu allen übrigen Arten der Gattung nach hinten umgelegt, die erste Schuppenreihe des Schulterschildes nicht überragend. Vorderrand der Ohrmuschel fleischig verdickt; an den Wangen unterhalb der Augen wenige isolierte Schuppen. Merkmale des Panzers siehe Tab. 4. Zähne mit Ausnahme des vordersten und hintersten Zahnes in der Querachse des Schädels zusammengedrückt, Zahn-Querschnitt queroval (Abb. 26). Processus articularis nur wenig höher als Proc. coronoideus. Mandibel in zwei Achsen gekrümmt: In Seitenansicht Mandibelmitte nach ventral gebogen, in Aufsicht nach lateral ausgebuchtet (bei den übrigen Arten der Gattung ist das Corpus mandibulae gestreckt).

Maße: KRL 300–306; S 90–96; HF 61 (einschließlich der längsten Kralle); O 14–15; CNL 68,5–71,0; IOB 20,1–22,1; ZB 37,1–43,1; OZR 24,6–25,9 (157).

Verbreitung (Abb. 27): Gran Chaco (NW-Argentinien, W-Paraguay, SO-Bolivien), vielleicht auch in Mato Grosso do Sul, Brasilien.

Cabassous centralis (Miller 1899)
Nördliches Nacktschwanz-Gürteltier Abb. 27 (Verbreitung)

1899 *Tatoua centralis* Miller, Proc. biol. Soc. Washington, **8**: 4. – Terra typica: Honduras, Cortés, Chamelecón.

Kennzeichen: Größer als *C. chacoensis*, aber kleiner als die übrigen Arten der Gattung. Wangen und Hinterseite der Ohrmuscheln ohne Schuppen, höchstens unter den Augen einige kleine isolierte Schuppen. Schulterschild aus 7 bis 8 Schuppen-

Schuppenzahl

	Kopfschild	Erstes vollständiges Band des Schulterschildes	Letztes Band des Schulterschildes	Drittes bewegliches Rückenband	Viertes bewegliches Rückenband	Erstes Band des Beckenschildes	Letztes Band des Beckenschildes
Cabassous chacoensis	34–42 (n = 3)	17–19 (n = 3)	23–27 (n = 3)	27–30 (n = 3)	25–29 (n = 3)	24–26 (n = 3)	5–7 (n = 3)
Cabassous centralis	35.3 ± 4.3 (n = 23)	18.1 ± 1.3 (n = 16)	27.2 ± 1.6 (n = 19)	28.3 ± 1.9 (n = 19)	28.6 ± 1.5 (n = 21)	25.9 ± 0.9 (n = 18)	8.3 ± 0.9 (n = 18)
Cabassous u. unicinctus	34.8 ± 2.1 (n = 19)	17.3 ± 1.3 (n = 11)	26.8 ± 1.5 (n = 12)	28.1 ± 1.2 (n = 9)	27.4 ± 1.6 (n = 22)	25.6 ± 0.7 (n = 12)	8.4 ± 0.7 (n = 12)
Cabassous u. squamicaudis	54.0 ± 5.5 (n = 14)	20.1 ± 1.9 (n = 10)	26.3 ± 1.7 (n = 10)	28.0 ± 1.3 (n = 11)	27.4 ± 1.3 (n = 13)	24.4 ± 1.6 (n = 11)	6.6 ± 1.0 (n = 11)
Cabbassous tatouay	48.3 ± 3.7 (n = 20)	21.8 ± 5.5 (n = 9)	29.0 ± 1.5 (n = 9)	31.0 ± 1.7 (n = 9)	30.8 ± 1.6 (n = 13)	29.1 ± 1.4 (n = 9)	8.0 ± 1.3 (n = 9)

Tab. 4. Anzahl der Schuppen des Kopfschildes und verschiedener Schuppenreihen bei den *Cabassous*-Arten. Soweit nichts anderes angegeben, Mittelwerte und Standardabweichungen. Alle Maße nach Wetzel 1980.

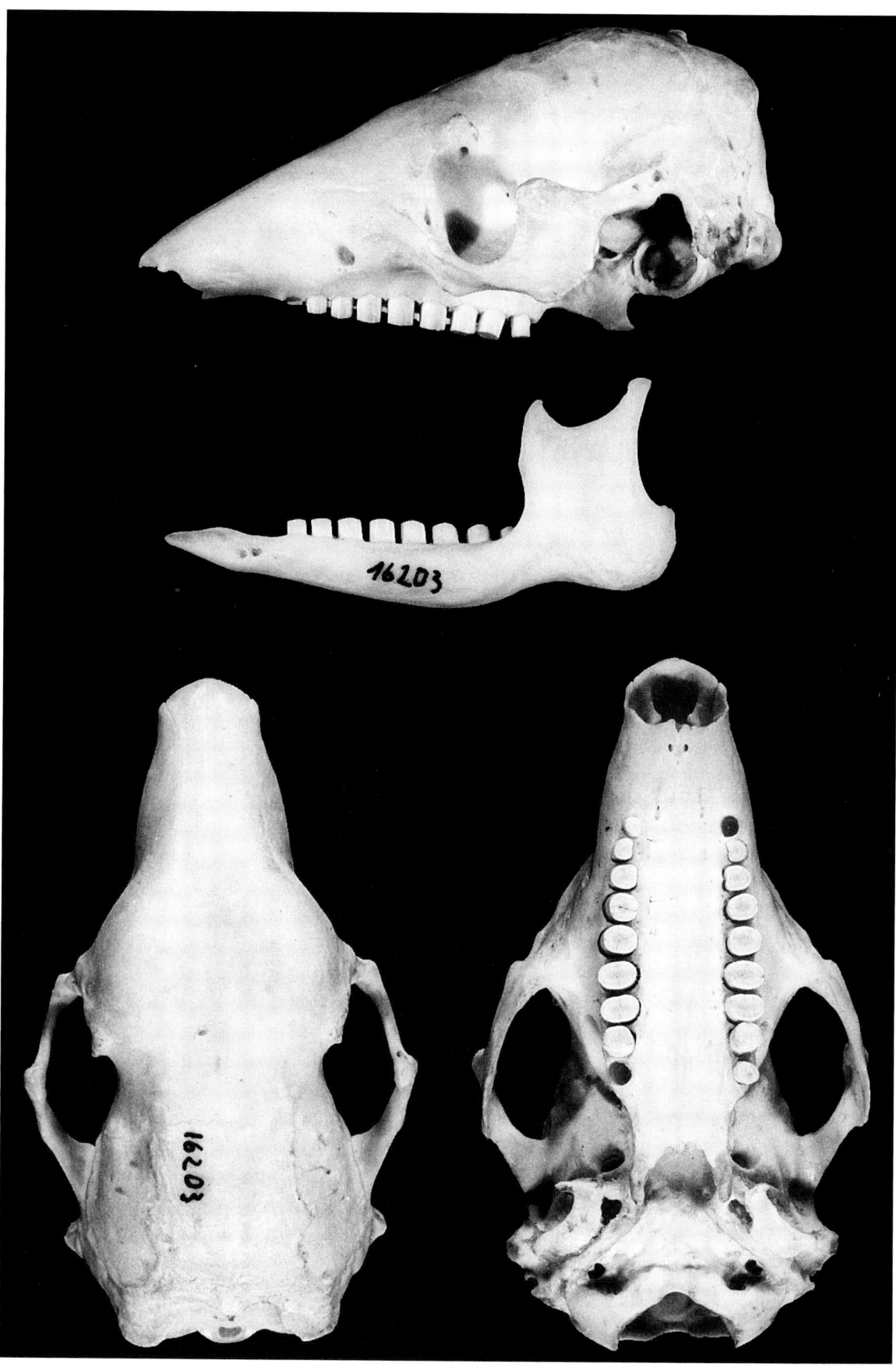

Abb. 26. *Cabassous chacoensis:* Schädel. SMF 16203, ohne Fundortangabe.

reihen, die längste davon mit 29 Schuppen. Beckenschild aus 10 Schuppenreihen, Kopfschild mit 35 bis 39 Schuppen (92). Weitere Panzermerkmale siehe Tab. 2 und 4. Zahnquerschnitt länglich-oval.

Maße: KRL 300–378; S 130–183; HF 58–74 (einschließlich Krallen); O 31–37; CNL 72,3–83,1; IOB 23,6–25,6; ZB 37,4–43,7; OZR 26,9–29,4; Gew. 2,0–3,5 kg (53, 157).

Chromosomen: $2n = 62$; $NF = 78$. X-Chromosom submetazentrisch; Y-Chromosom metazentrisch (64, 65).

Verbreitung (Abb. 27): Von SO-Guatemala und S-Belize durch Mittelamerika bis N-Kolumbien und NW-Venezuela. Einzelfund in Chiapas, Mexiko (25).

Cabassous unicinctus (LINNAEUS 1758)
    Abb. 27 (Verbreitung)

1758 *Dasypus unicinctus* LINNAEUS, Syst. Nat., 10. Aufl., **1** : 50. – Terra typica: Surinam.
1845 *Xenurus squamicaudis* LUND, (1843), K. Danske Vidensk. Selskabs Nat. Math. Afhandl., **11** : lxxxiv – 1846: 93 + Taf. 50, Fig. 3. – Terra typica: Brasilien, Minas Gerais, Höhlen von Lagoa Santa im Tal des Rio Velhas.
1854 *Dasypus hispidus* BURMEISTER, Syst. übers. Thiere Bras., **1** : 287. – Terra typica: Brasilien, Minas Gerais, Lagoa Santa.
1855 *Dasypus gymnurus loricatus* WAGNER, Schreb. Säugeth., **5** : 174. – Terra typica: Brasilien, Mato Grosso, Cabeca de Boi.
1873 *Ziphila lugubris* GRAY, Hand-List. Edent. Brit. Mus.: 23. – Terra typica: Brasilien, Santa Catarina.

Kennzeichen: Größer als die beiden vorigen Arten, besonders in den Maßen IOB und ZB, jedoch kleiner als die folgende Art (*C. tatouay*). Panzermerkmale siehe Tab. 2 und 4. Meist 9 Zähne je Kieferhälfte, Zahnquerschnitt rundlich bis länglich-oval. 2 Unterarten (*C. u. unicinctus* und *C. u. squamicaudis*), die sich in Merkmalen des Schädels und in der Zahl der Schuppen des Kopfschildes (Tab. 4) unterscheiden (157).

Maße: KRL 290–445; SL 87–200; HF 65–84 (einschließlich Krallen); O 25–40; CNL 67,7–90,0; IOB 24,5–28,6; ZB 38,7–49,0; OZR 24,3–33,3; Gew. 1,6–3,6 kg (157).

Verbreitung (Abb. 27): Südamerika östlich der Anden von Venezuela, Kolumbien und Ecuador nach S bis Mato Grosso do Sul, Goiás, Minas Gerais und Maranhâo. Nördlich des Amazonasbeckens Verbreitung der Nominatform, südlich davon der Unterart *squamicaudis*, im Amazonasbecken Intergradation beider Unterarten.

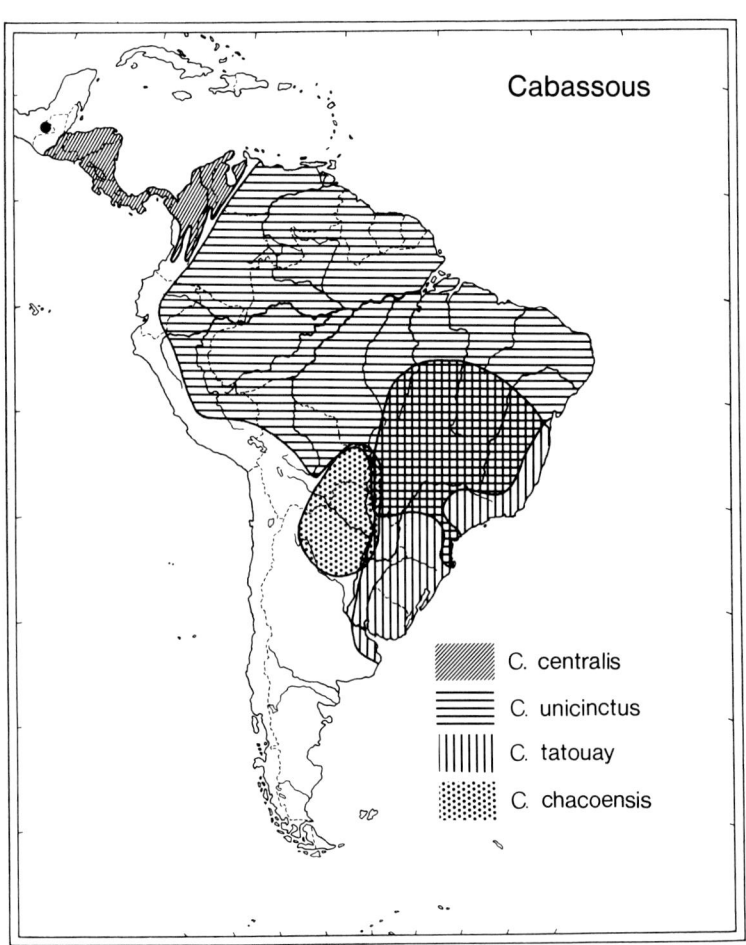

Abb. 27. Verbreitung der Arten der Gattung *Cabassous*. Nach WETZEL 1985b. Ausgefüllter Kreis: *Cabassous centralis*, vgl. Text.

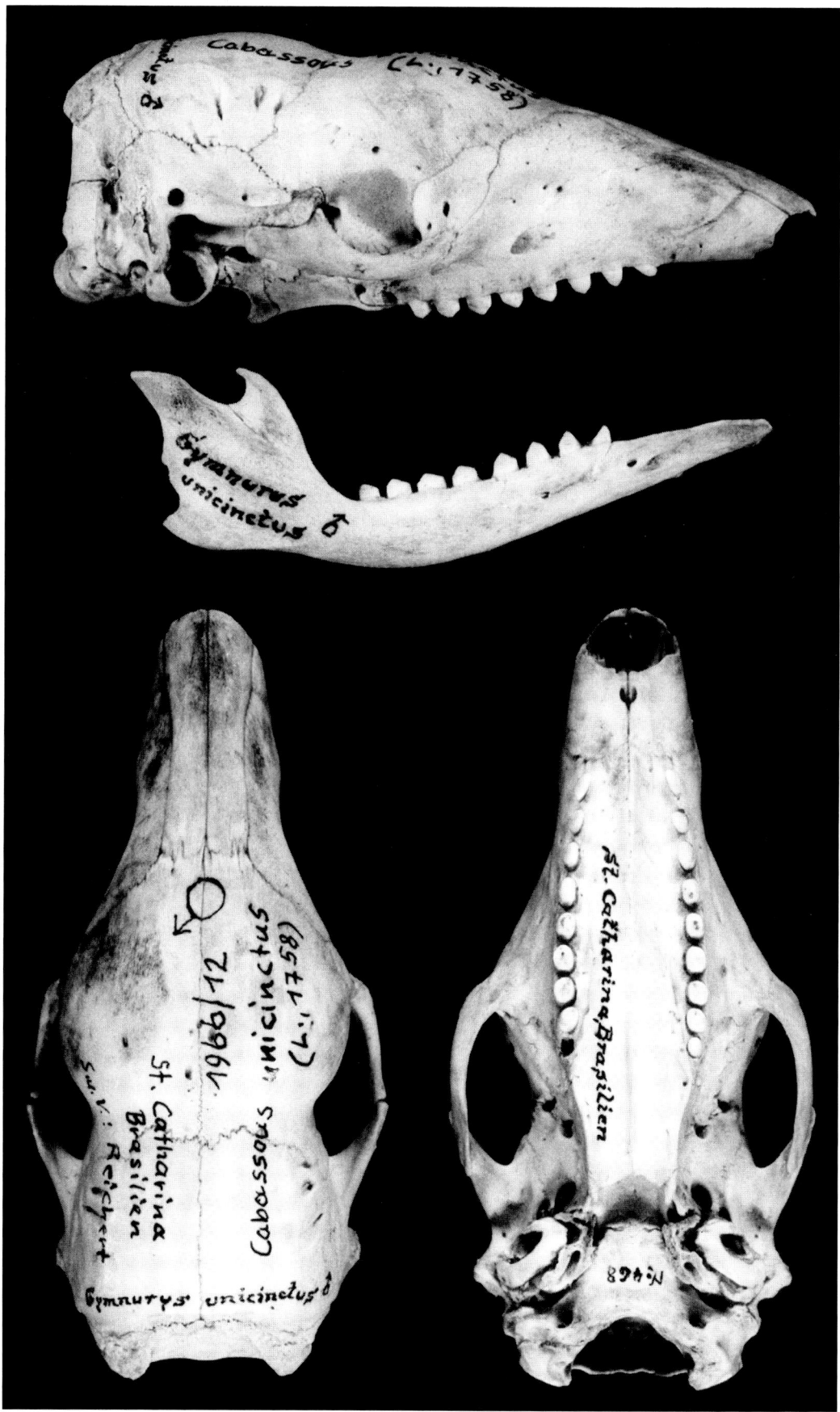

Abb. 28. *Cabassous tatouay:* Schädel. ZSM 1966/12, St. Catharina, Brasilien (**nicht** *unicinctus* wie Schädelaufschrift).

Cabassous tatouay (DESMAREST 1804)
Großes Nacktschwanz-Gürteltier Abb. 23 (Kopfschild), Abb. 27 (Verbreitung), Abb. 28 (Schädel)

1804 *Loricatus tatouay* DESMAREST, Tabl. meth. Mamm., **24** : 28. – Terra typica: SO-Paraguay, am 27. °S.
1815 *Dasypus gymnurus* ILLIGER, Abhandl. preuss. Akad. Wiss. Berlin, **1815**: 108 (nomen nudum).

Kennzeichen: Größte Art der Gattung. CNL über 100,5 mm (bei sympatrisch vorkommenden *C. unicinctus squamicaudis* höchstens 85,1 mm, bei *C. chacoensis* höchstens 71,0 mm). Durchschnittlich 31 ($\pm$ 1.7) Schuppen am 3. beweglichen Rückenband (mehr als alle anderen *Cabassous*-Arten außer *C. centralis*). Rückseite der Ohrmuscheln mit Schuppen.

Die vordersten drei Oberkieferzähne schmaler als bei anderen Arten der Gattung. Gaumen sehr lang (Abb. 28), Palatina dehnen sich aboral über den Vorderrand des Processus zygomaticus des Squamosums aus (157).

Maße: KRL 410–490; S 150–200; HF 80–86 (einschließlich Krallen); O 40–44; CNL 100,5–123,2; IOB 31,7–35,8; ZB 50,2–61,2; OZR 33,9–43,7; Gew. 3,4–6,4 kg (157).

Verbreitung (Abb. 27): SO-Brasilien, Uruguay, S-Paraguay, Argentinien (Misiones).

Tribus Euphractini
Borstengürteltiere

Kennzeichen: Bauchseite, Rückenpanzer und Extremitäten mit kräftigen Borsten. Hornschuppen und Hautknochen nahezu deckungsgleich, am Schulter- und Beckenschild quadratisch, kurz rechteckig oder unregelmäßig pentagonal bis hexagonal (Abb. 13 f), die der 6 bis 8 beweglichen Rückenbänder langgestreckt rechteckig. Eine bewegliche Nackenschildreihe (Abb. 29).

Hornschuppen des gesamten Rückenpanzers mit tiefen Rinnen oder Furchen; ihr Verlauf läßt erkennen, daß jede Schuppe durch Verwachsung mehrerer kleiner Schuppen entstanden ist (s. Abschnitt Embryonalentwicklung S. 9 ff.): Zwei Längsrinnen laufen cranial hufeisenförmig zusammen; von ihnen ziehen Rillen radial zum Außenrand der Schuppe (Abb. 13 f). Jede Schuppe besteht also aus einem zentralen, länglichen Abschnitt, der seitlich und cranial von 4–12 rundlichen bis polygonalen Abschnitten umgeben wird.

Bei der Gattung *Chaetophractus* sind die einzelnen Hornschuppen entsprechend durch Nahtstellen unterteilt. An präparierten, getrockneten Panzern lassen sich die einzelnen Abschnitte der Schuppe entlang dieser Nahtstellen leicht voneinander trennen oder isoliert von der darunterliegenden Knochenplatte ablösen.

Oberfläche der Schuppen bei älteren Tieren mehr oder weniger glatt (durch mechanischen Abrieb?); Furchenmuster undeutlich.

Knochenplatten im Corium mit furchenartigen Vertiefungen entsprechend dem Rillenmuster oder dem Verlauf der Nahtstellen der darüberliegenden Hornschuppe (Abb. 1 a, S. 2). Am Grund der zentralen, hufeisenförmigen Rinne jeder Knochenplatte finden sich 5 bis 10 feine Poren, die zu drüsigen Hohlräumen im Inneren der Knochenplatte führen (Abb. 1 a, s. Abschnitt „Haut und Hautorgane"). Auch die darüberliegende Hornschuppe weist an den entsprechenden Stellen feine Poren auf; sie weisen jedoch einen wesentlich geringeren Durchmesser auf und sind wegen der unregelmäßig skulpturierten und teilweise abschilfernden Schuppenoberfläche makroskopisch kaum erkennbar. An der Ventralseite der Knochenplatten liegen 1 bis 6 größere Öffnungen (Durchmesser 0,5–1,5 mm), durch die Nerven und Blutgefäße ziehen (38).

Mündungen der Rückendrüsen an 2 bis 4 (selten 5) Schuppen in der Mittellinie des Beckenschildes sind bei allen Arten vorhanden, außer *Zaedyus pichiy* (s. Abschnitt „Haut und Hautorgane", S. 1 und Abb. 1 c).

Schulterschild relativ kurz, aus 3 bis 5 vollständigen Schuppenreihen, zwischen die an den Seiten kurze, unvollständige Schuppenreihen eingeschaltet sind, so daß sich am Panzerrand mehr Reihen zählen lassen als in der Rückenmitte. Schwanz vollständig gepanzert, an der Basis mit segmental angeordneten Ringen aus 1 bis 2 Schuppenreihen, distal über zwei Drittel bis drei Viertel seiner Länge mit alternierend, aber nicht ringförmig angeordneten Schuppen. Unterhalb des Auges ein Büschel langer, nach vorn gerichteter Vibrissen.

Ohren mittelgroß bis klein, seitlich am Kopf stehend. Vorn 5 Zehen, Krallen des 3. und 4. Fingers größer als die übrigen; der Größenunterschied ist jedoch nicht so ausgeprägt wie bei den übrigen Tribus. Hinten 4 oder 5 Zehen, 1. (falls vorhanden) und 5. Zehe zurückgesetzt und mit kleineren Krallen als die drei mittleren.

Schädel massiver als bei Dasypodini, aber Knochen vor allem des Schädeldaches nicht so kräftig wie bei Priodontini. Frontale, Parietale und Squamosum mit zahlreichen nadelstichartigen Foramina, die die Ursprungsfläche des Musculus temporalis bezeichnen (Abb. 30, 32, 35). Tympanicum bildet eine Art Röhre, die fest mit der Bulla tympanica verwachsen ist und deren Oberteil sich als knöcherner Meatus acusticus externus schrägseitlich nach oben öffnet. Sutur zwischen Jugale und Squamosum horizontal. Choanenrand spitzbogig.

Zähne bei weitem am größten und kräftigsten innerhalb der Familie, im Querschnitt rund bis oval, mit regelmäßig giebelförmigem Abschliff; er kommt dadurch zustande, daß die Zähne von Ober- und Unterkiefer im Zubiß auf Lücke stehen. Ein praemaxillarer Zahn (einzige Tribus mit diesem Merkmal!), ist bei *Zaedyus* klein und kann auch fehlen. Untere Zahnreihe reicht bis zur Symphysenspitze. Ramus mandibulae breit und senkrecht aufsteigend; Processus coronoideus breit, höher als Processus articularis.

Systematik: 3 Gattungen mit zusammen 5 Arten. Nach MOELLER (94) ähneln die drei Gattungen der Tribus (*Euphractus*, *Chaetophractus* und *Zaedyus*) im Bau und in den Proportionen des Schädels einander mehr als *Cabassous* und *Priodontes*. Einige Schädelproportionen der Tribus sind einheitlicher als die entsprechenden innerhalb der monotypischen Tribus Dasypodini. MOELLER faßt deshalb die drei Gattungen zu einer Gattung *Euphractus* zusammen.

Immunologische Befunde (121) sowie markante Unterschiede im Karyotyp (10, 65, 115) sprechen jedoch für eine Beibehaltung der drei Gattungen.

Gattung ***Euphractus*** WAGLER 1830
Natürl. Syst. Amphib.: 36

Euphractus sexcinctus (LINNAEUS 1758)
Sechsbinden-Gürteltier Abb. 29 (Kopfschild), Abb. 30 (Schädel), Abb. 31 (Verbreitung)

1758 *Dasypus sexcinctus* LINNAEUS, Syst. Nat., 10. Aufl., **1**: 51. – Terra typica: Brasilien, Pará.

Kennzeichen: Reihe der Nackenschilder scharf vom Kopfschild abgesetzt, aus 8 bis 10 langgestreckt-rechteckigen Schuppen, die größer sind als die Schuppen des Schulterschildes (Abb. 29 A). Erstes vollständiges Band des Schulterschildes fest mit dem zweiten verbunden. Am Hinterrand jeder Hornschuppe entspringen 2 weißliche Borsten, die mit zunehmendem Alter abgestoßen werden können. Kopfschild relativ schmal; seine Breite beträgt 70 bis 80% seiner Länge (Abb. 29 A). Schuppen des Kopfschildes groß und einigermaßen regelmäßig angeordnet. Ohrmuschel lang; nach hinten umgelegt, erreicht sie die zweite oder dritte Schuppenreihe des Schulterschildes.

Jochbogen schmal, Jugale schmaler als bei *Chaetophractus* und *Zaedyus*. Zahnzahl relativ konstant (Tab. 2).

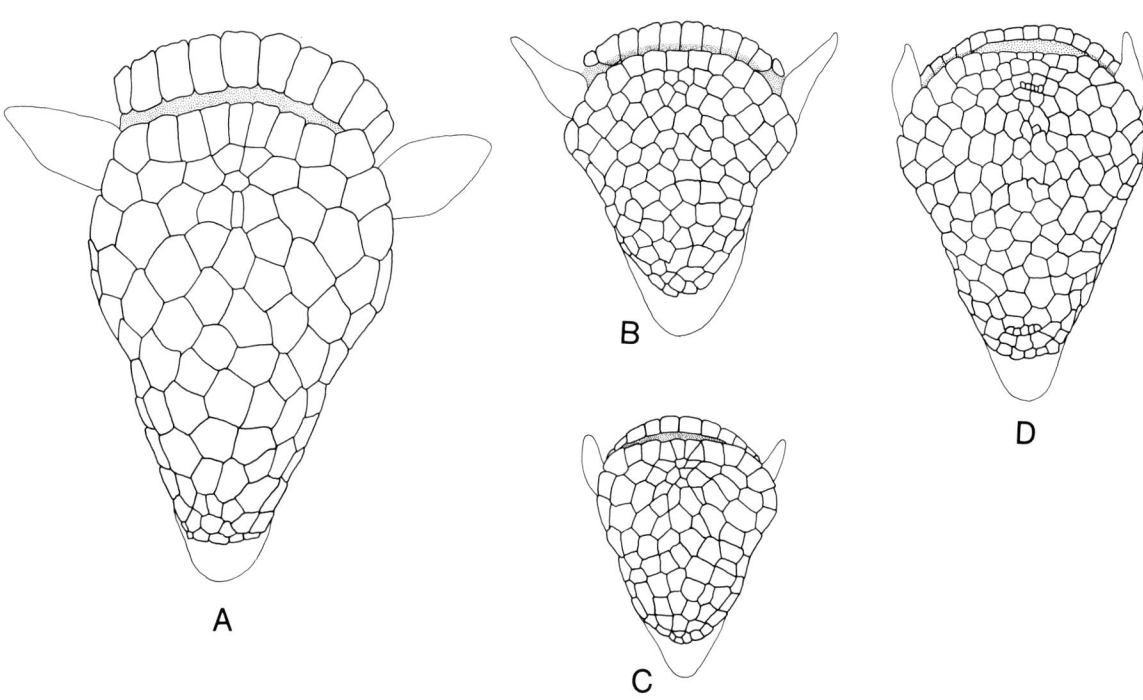

Abb. 29. Tribus Borstengürteltiere, Euphractini: Kopfschilder und bewegliche Nackenschildreihe. A *Euphractus sexcinctus*; B *Chaetophractus vellerosus*; C *Zaedyus pichiy*; D *Chaetophractus villosus*. Nach Museumsbälgen gezeichnet, maßstäblich.

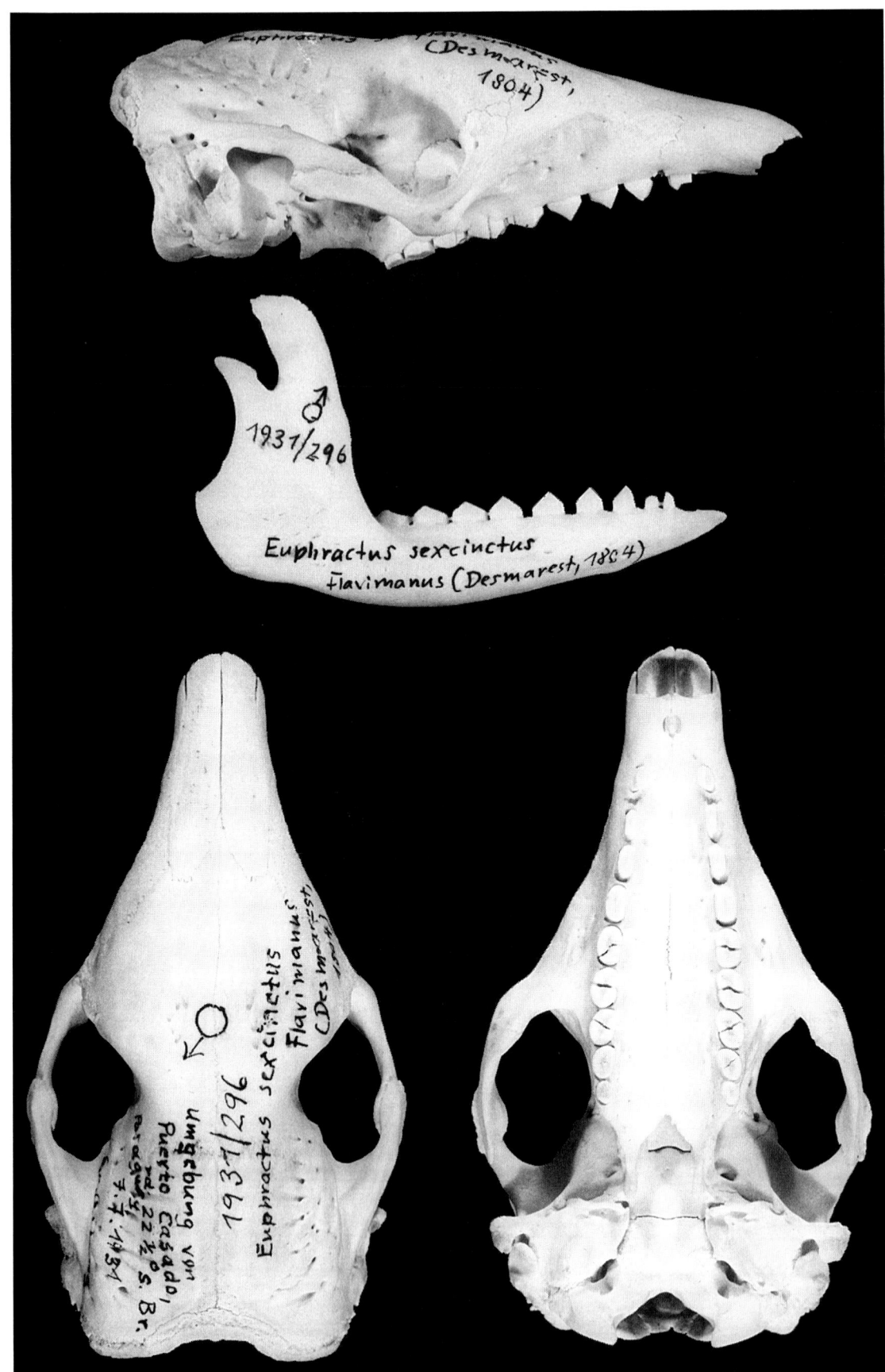

Abb. 30. *Euphractus sexcinctus:* Schädel. ZSM 1931/296, Puerto Casado, Paraguay.

Maße: KRL 400–495; S 119–241; HF 78–92 (einschließlich Krallen); O 32–47; CNL 109,0–125,5; IOB etwa 24,0; ZB 61,7–74,5; Gew. 3,2–6,5 kg (45, 162).

Chromosomen: 2n = 58; NF = 102; X-Chromosom submetazentrisch, Y-Chromosom submetazentrisch bis akrozentrisch (10).

Verbreitung (Abb. 31): Brasilien (Pará, Mato Grosso und ostbrasilianisches Bergland) und Savannengebiete in S-Surinam (73, 115).

Gattung **Chaetophractus** FITZINGER 1871
S. ber. math.-natur. Kl. Akad. Wiss. Wien, **64** : 268

Kennzeichen: Erstes vollständiges Band des Schulterschildes beweglich mit dem 2. Band verbunden. Stärker behaart als alle übrigen Dasypodidae mit Ausnahme von *Dasypus pilosus*. Jugale lateral abgeplattet, unterhalb der Sutur mit dem Squamosum höher als bei *Euphractus*. Schuppen des Kopfschildes kleiner und zahlreicher als bei *Euphractus*. Rostrum breiter als bei *Zaedyus*.

Chaetophractus nationi (THOMAS 1894)
Anden-Borstengürteltier Abb. 34 (Verbreitung)

1894 *Dasypus nationi* Thomas, Ann. Mag. nat. Hist., London, (6) **13** : 71. – Terra typica: Bolivien, Oruro.

Kennzeichen: Ähnlich *Chaetophractus vellerosus*, möglicherweise nur eine höhenadaptierte Unterart dieser Art (160). Rückenpanzer hell gelbbraun, mit langen, hellen Haaren bedeckt. Kopfschild ausgedehnter als bei den übrigen Arten, ebenso breit wie lang.

Maße: KRL 260–268, S 120, HF 52, O 30, CNL 76.4 (103, 160).

Verbreitung (Abb. 34): Altiplano Boliviens und NO-Argentiniens, in Höhen zwischen 3500 und 4000 m ü.d.M. (20, 103). Genaue Verbreitung nicht bekannt.

Chaetophractus vellerosus (GRAY 1865)
Weißborsten-Gürteltier Abb. 29 (Kopfschild), Abb. 32 (Schädel), Abb. 33 (Jochbogen), Abb. 34 (Verbreitung)

1865 *Dasypus vellerosus* GRAY, Proc. zool. Soc. London, **1865**: 376. – Terra typica: Bolivien, Santa Cruz de la Sierra.

Kennzeichen: Kleinste *Chaetophractus*-Art. Rückenschuppen hell- und dunkelbraun gemustert. Unterseite, Extremitäten und Panzer lang und dicht behaart. Haare der Unterseite und der Extremitäten weißlich bis schmutzig hellgelb, relativ steif. Am Rückenpanzer entspringen zwischen den Schuppenreihen Haare zweierlei Typs: Bräunliche kurze (bis 2 cm), die weich sind und

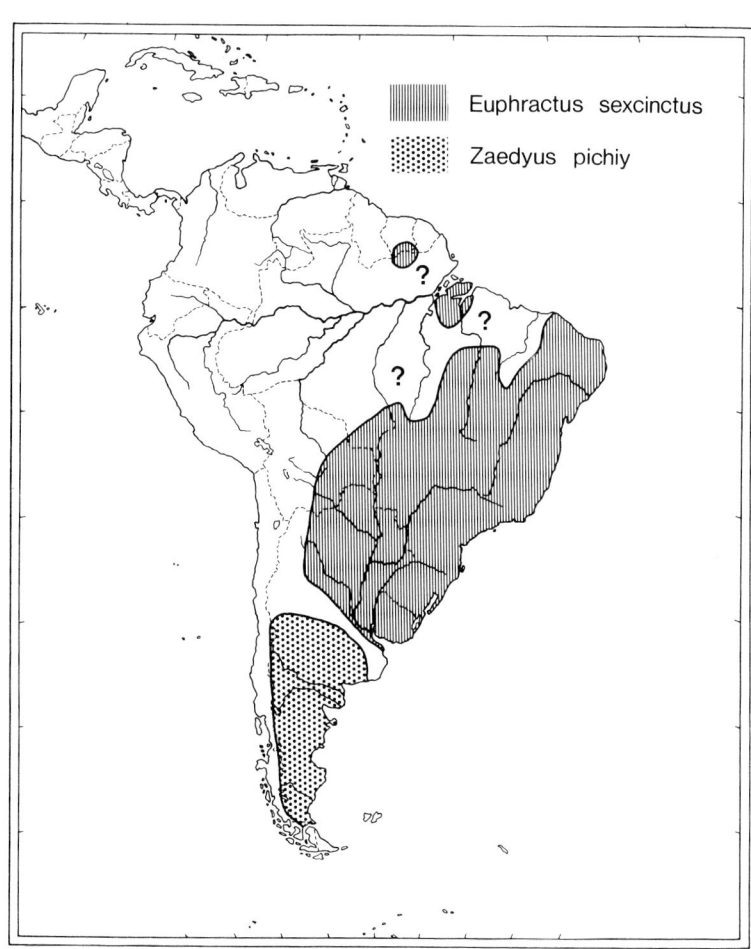

Abb. 31. Verbreitung von *Euphractus sexcinctus* und *Zaedyus pichiy*. Nach KRUMBIEGEL 1940a, HUSSON 1978, WETZEL 1982, 1985b.

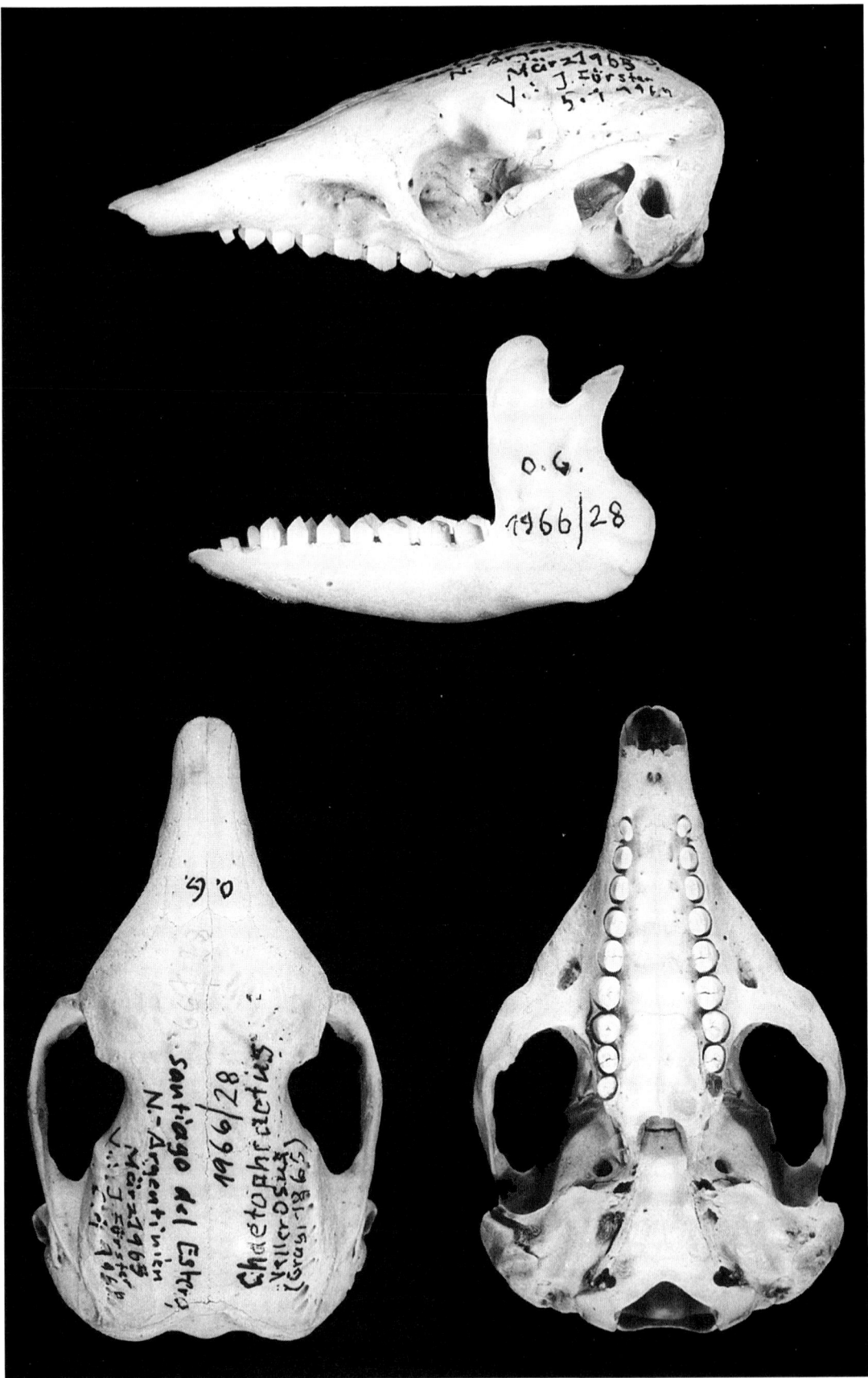

Abb. 32. *Chaetophractus vellerosus:* Schädel. ZSM 1966/28, Santiago del Estero, Argentinien.

relativ dicht stehen, sowie weißliche, die länger (an den Seiten bis 8 cm) und steifer sind und mehr vereinzelt stehen. Kopfschild dreieckig, an der breitesten Stelle ebenso breit wie lang oder breiter (Abb. 29 B). Eine Nackenschildreihe sowie ein bewegliches praescapuläres Band am Vorderrand des Schulterschildes. Beckenschild mehr als doppelt so lang wie Schulterschild. Ohren relativ groß, oval, nach hinten umgelegt bis zur ersten unbeweglichen Schuppenreihe des Schulterschildes reichend. Jugale unterhalb der Verbindung mit dem Squamosum stark verbreitert, davor mit einer dorsalen Einkerbung (Abb. 33).

Maße: KRL 240–250; S 100–105; O 29–34; GSL 64–67; IOB 16–17; ZB 39–42; OZR 29–31 (alle Maße nach FRECHKOP & YEPES [45] für 1 Exemplar aus Mendoza, Argentinien, und 2 Exemplare unbekannter Herkunft). 3 Exemplare aus Santiago del Estrero, N-Argentinien (ZSM 1966/28–30) weisen folgende Schädelmaße auf: CNL 61,4–64,0; IOB 15,6–17,5; ZB 36,4–42,3; OZR 27,4–28,9.

Verbreitung (Abb. 34): Gran Chaco Boliviens, Paraguays und Argentiniens, in Argentinien nach S bis in die Provinzen Mendoza, Cordoba und San Juan.

Chaetophractus villosus (DESMAREST 1804)
Braunes Borstengürteltier Abb. 29 (Kopfschild), Abb. 34 (Verbreitung), Abb. 35 (Schädel)

1804 *Loricatus villosus* DESMAREST, Tabl. meth. Mamm., **24** : 28. – Terra typica: Argentinien, Provinz Buenos Aires, zwischen 35° und 36° S.

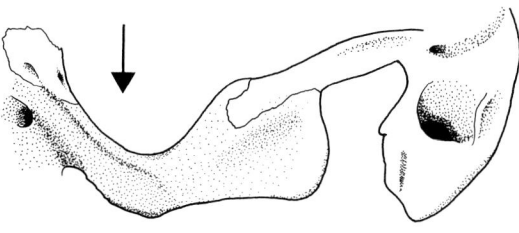
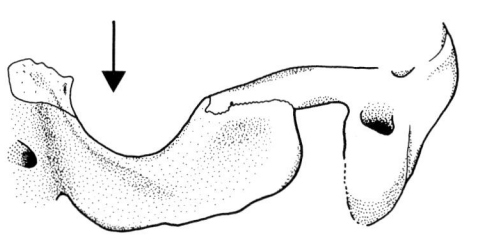

Abb. 33. Jochbogen in Seitenansicht: Oben: *Chaetophractus vellerosus* (ZSM 1966/28), unten: *Zaedyus pichiy* (SMF 290).

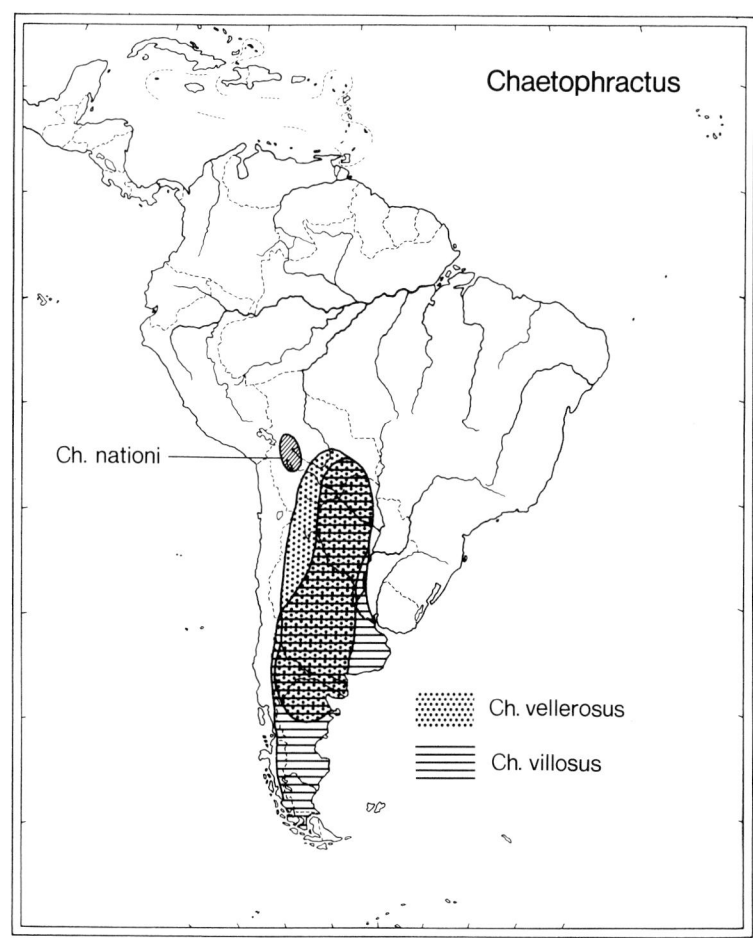

Abb. 34. Verbreitung der Arten der Gattung *Chaetophractus*. Nach WETZEL 1982, 1985b.

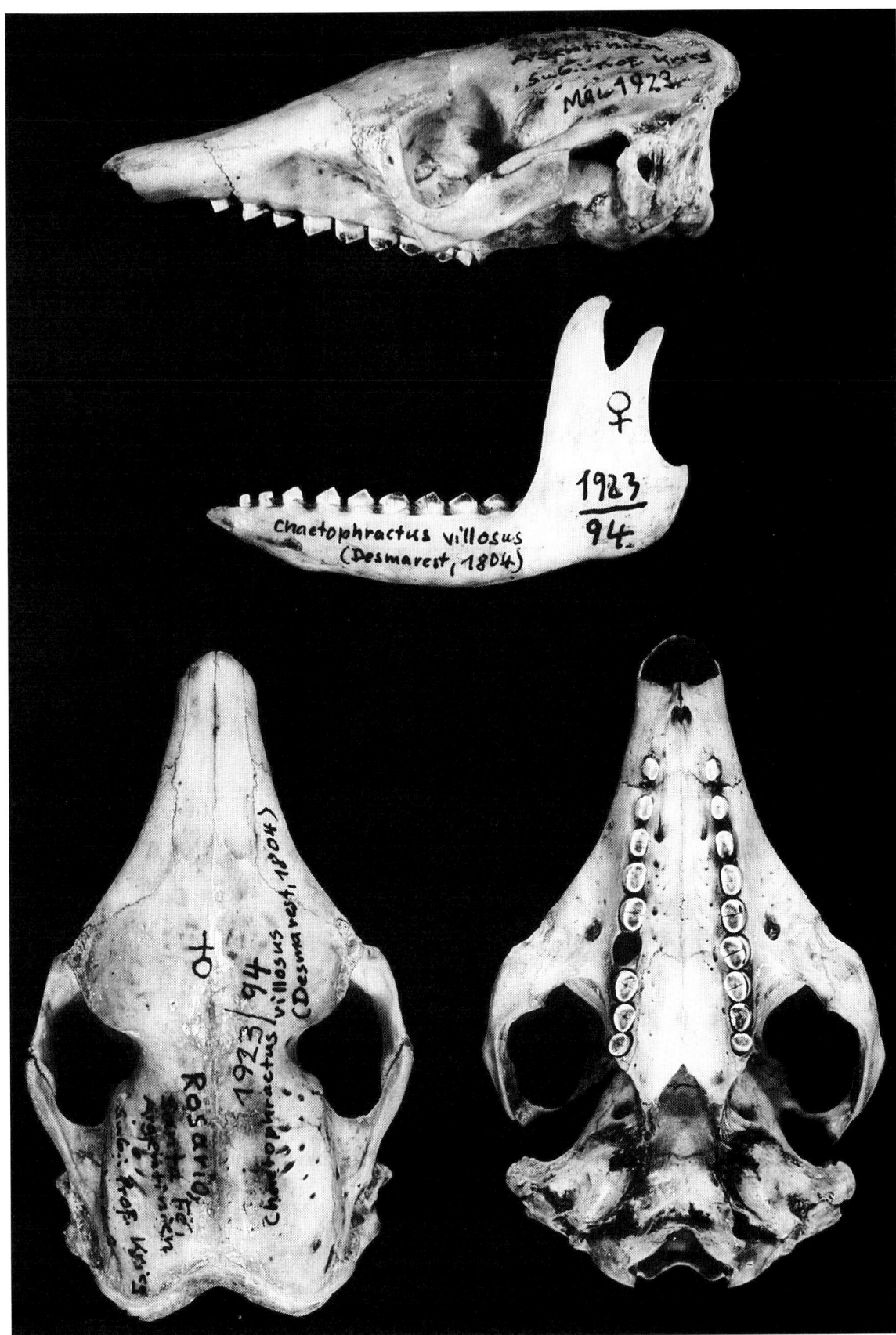

Abb. 35: *Chaetophractus villosus:* Schädel. ZSM 1923/94, Rosario, Santa Fe, Argentinien.

Kennzeichen: Größte Art der Gattung. Behaarung dunkelbraun bis schwarzbraun. Bauchseite und Extremitäten sehr dicht behaart, Behaarung des Rückenpanzers weniger dicht als bei *Ch. vellerosus*, Einzelhaare jedoch länger, Haarlänge an den Körperseiten eines Exemplares in der Zoologischen Staatssammlung München (AM 1098, Mendoza/Argentinien) 10 bis 13 cm. Die randständigen Schuppen des gesamten Rückenpanzers sind abgerundet dreieckig; wobei eine Spitze schräg nach hinten/unten zeigt, so daß der gesamte Unterrand des Rückenpanzers sägeartig gezackt ist. Ohren kleiner als die von *Chaetophractus vellerosus*, reichen nach hinten nicht über das 1. (bewegliche) Band des Schultergürtels hinaus (Abb. 29 D). Eine Reihe kleiner Nackenschilder, 1. Schuppenreihe des Schulterschildes beweglich, 8 bewegliche Bänder zwischen Schulter- und Beckenschild.

Maße: KRL 320–440; S 112–115; HF 65–75; O 20–24; GSL 76,9–90,3; CNL 82,8–90,9; IOB 21,6–23,7; ZB 49,5–59,6, OZR 35,1–41,2 (45, 73); Werte für CNL nach zwei Exemplaren [1923/ 93–94] der Zoologischen Staatssammlung München.

Chromosomen: 2n = 60, NF = 90. X- und Y-Chromosom akrozentrisch (64, 65).

Verbreitung (Abb. 34): Gran Chaco Paraguays und Argentiniens, möglicherweise auch in Bolivien. In Argentinien nach S bis San Carlos de Barilloche, Patagonien (73). In Chile in den Provinzen Bío-Bío und Aisén (158).

Gattung *Zaedyus* AMEGHINO 1889
Acta Acad. nac. Cienc. Cordoba, **6** : 867

Zaedyus pichiy (DESMAREST 1804)
Zwergaürteltier. Abb. 29 (Kopfschild), Abb. 31 (Verbreitung), Abb. 33 (Jochbogen), Abb. 36 (Schädel)

1804 *Loricatus pichiy* DESMAREST, Tabl. meth. Mamm., **24** : 28. – Terra typica: Argentinien, Buenos Aires (Prov.), Bahia Blanca.
1822 *Dasypus minutus* DESMAREST, Mammal., **2** : 371. – Terra typica: Argentinien, vom 36° S bis Patagonien.

Kennzeichen: Kleinste Art der Tribus. Schuppen des Kopfpanzers glatt, unregelmäßig vier- bis fünfeckig (Abb. 29 C), die des Rückenpanzers kräftig skulpturiert und mit Längsfurchen. Nackenschilder klein, 1. Band des Schulterschildes beweglich, aus großen Schuppen. Randschuppen des Beckenschildes noch ausgeprägter dreieckig-spitz als bei *Chaetophractus villosus*, so daß der Rand des Beckenschildes sägeartig gezackt ist. Keine Rückendrüsen (s. Abschnitt „Haut und Hautorgane", S. 1 ff.), Schuppen des Beckenschildes ohne Drüsenöffnungen. – Schuppen des Kopf- und Rückenpanzers zweifarbig dunkelbraun und gelblich; randständige Schuppen des Rückenpanzers hellgelb. Unterseite und Extremitäten dicht behaart, Behaarung des Rückenpanzers schütter, Haare etwa 2 cm lang, bräunlich. Tiere im S des Verbreitungsgebietes tragen ein dichteres Haarkleid (20). Schwanz dünn und zugespitzt. Ohren sehr klein, etwas spitzer als bei *Chaetophractus*.

Schädel (Abb. 36) ähnlich dem von *Chaetophractus vellerosus*, Rostrum jedoch schmaler, Jugale auf ganzer Länge verbreitert, ohne dorsale Einkerbung (Abb. 33).

Maße: KRL bis 250; S 96–120; O etwa 13; GSL 61–64; IOB etwa 18; ZB 39–41; OZR etwa 23 (45).

Chromosomen: 2n = 62, NF = 94. X-Chromosom akrozentrisch, Y-Chromosom akrozentrisch bis submetazentrisch (64, 65).

Verbreitung (Abb. 31): Argentinien von Tucumán nach S bis zur Magellan-Straße, nach W bis zu den Andenausläufern Chiles (103, 160).

Tribus Chlamyphorini
Gürtelmulle

Kennzeichen: Bau des Panzers weicht stark von dem der übrigen Tribus ab: Ein Schulterschild ist nicht ausgebildet. Der Rücken ist von durchschnittlich 24 transversalen Schuppenreihen bedeckt, die sich unmittelbar an den Kopfschild anschließen und durch nackte Hautfalten beweglich miteinander verbunden sind. Sie bestehen aus quadratischen Knochenplatten und Hornschuppen, die sich deckungsgleich überlagern und dünn und biegsam sind. Größe der Schuppen von cranial nach caudal allmählich zunehmend. Am Hinterrand jeder Schuppenreihe entspringen weißliche, feine Borsten, die mit bloßem Auge kaum sichtbar sind. Schuppenoberfläche im vorderen Bereich glatt oder mit seichten Längsfurchen, die Schuppen der letzten 6 bis 7 Reihen mit poren- und furchenartigen Vertiefungen (Abb. 13 g). Die beiden Arten der Tribus unterscheiden sich unter anderem in der Verbindung zwischen Rumpf und Rückenpanzer (s. u.). An die letzte bewegliche Schuppenreihe schließt sich der Beckenschild (Sphaeroma ischii, 63) an, der senkrecht zur Körperlängsachse steht (Abb. 37). Er stellt eine querelliptische Knochenscheibe dar, die fest mit dem Hinterrand des Ischiums und den Processus spinosi der letzten 4 Sacralwirbel verbunden ist.

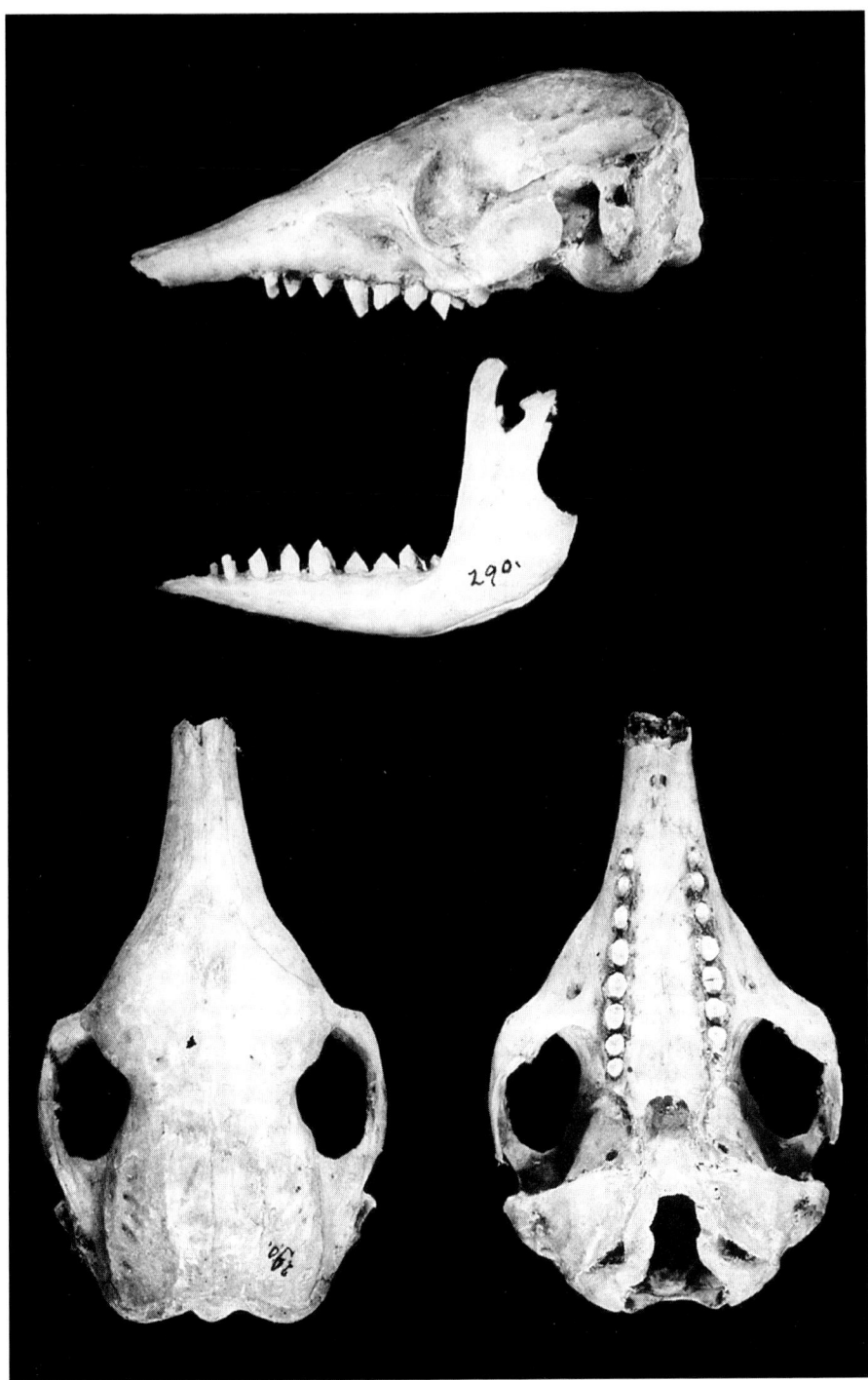

Abb. 36. *Zaedyus pichiy:* Schädel. SMF 290, „Chile" ohne nähere Fundortangabe.

Dem Beckenschild liegen rundliche bis polygonale Hornschuppen auf. Unterhalb die Hornschuppen weist die caudale Fläche des Beckenschildes Poren und Furchen auf, deren Verlauf deutlich erkennen läßt, daß der Beckenschild durch Verwachsung von 5 bis 6 Reihen konzentrisch angeordneter Knochenplatten entstanden ist.

Bauch, Flanken und Extremitäten dicht behaart, *Chlamyphorus truncatus* auch unter dem Rückenpanzer behaart. Haare weißlich und seidenweich. Weißliche, feine Haare, die mit bloßem Auge kaum sichtbar sind, auch am Hinterrand jeder Schuppenreihe des Rückenpanzers. Dichter Saum aus weißlichen, langen Borsten am Hinterrand der letzten Schuppenreihe des Rückenpanzers, ein zweiter Borstensaum dicht darunter am Oberrand des Beckenschildes, aus poren- und furchenartigen Vertiefungen des Beckenschildes entspringend (vgl. Abb. 37 oben). Beckenschild sonst völlig unbehaart. Ohrmuschel sehr klein oder fehlend.

Hand mit 5 Zehen. Krallen der 1. und 2. Zehe klein und schmal, der 3. bis 5. Zehe lang und breit, gleichmäßig gestaffelt mit außenliegender schar-

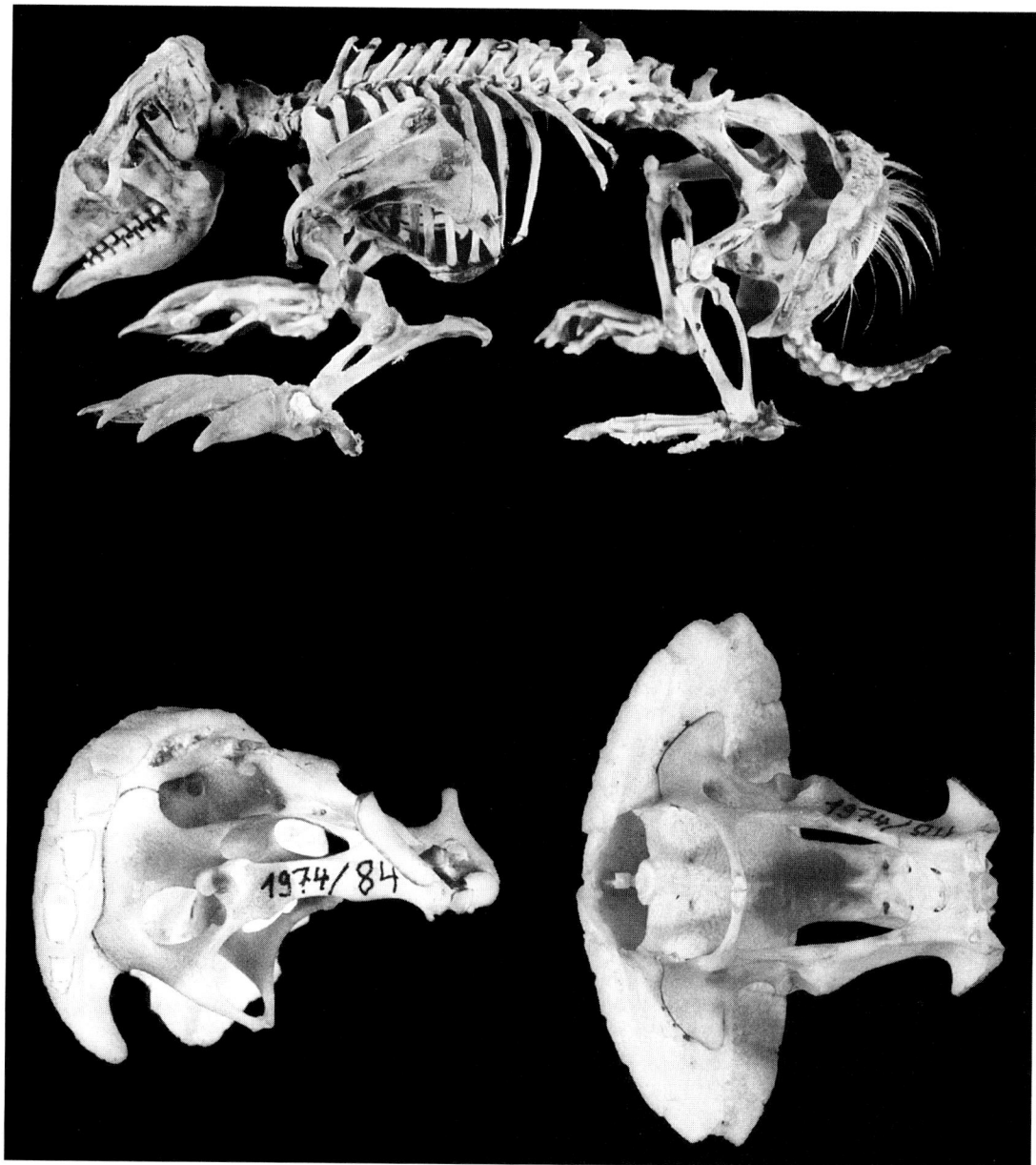

Abb. 37. *Chlamyphorus retusus:* Skelett (oben, Haarsaum des Beckenschildes erhalten) und Becken mit Beckenschild (unten), links schräg von der Seite, rechts von ventral.

fer Kante (Abb. 37) als schaufelartiges Grabwerkzeug. Zehen und Krallen der Hinterextremität bedeutend kürzer und schwächer.

Schädel (Abb. 39 und 40) gestreckt dreieckig, Schädelnähte vollkommen verstrichen. Jochbögen wenig nach außen gebogen, Bulla tympanica stark hervortretend und fest mit der Schädelbasis verbunden, knöcherner Meatus acusticus externus. Paarige Stirnhöcker auf Höhe der Frontalia. Kräftiges Gebiß, Zahnquerschnitt rundlich bis schräg-oval, Abschliff giebelförmig bis einseitig schräg. Praemaxillare zahnlos. Corpus mandibulae kräftig entwickelt, fast senkrecht aufsteigend, Processus angularis nur andeutungsweise zu erkennen.

Systematik: Die beiden Arten der Tribus waren früher auf zwei Gattungen (*Chlamyphorus* und *Burmeisteria*) verteilt, lassen sich aber nach WETZEL (158, 159) nicht generisch trennen.

Lebensweise: Ausgezeichnete Gräber, die fast ausschließlich unterirdisch leben (80).

Gattung ***Chlamyphorus*** HARLAN 1825
Ann. Lyc. Nat. Hist., Paris, **1** : 235

Chlamyphorus retusus BURMEISTER 1863
Burmeister-Gürtelmull Abb. 25 (Verbreitung), Abb. 37 (Skelett), Abb. 38 (Kopfschild), Abb. 39 (Schädel)

1863 *Chlamyphorus retusus* BURMEISTER, Abhandl. naturf. Ges. Halle, **7** : 167. – Terra typica: Bolivien, Santa Cruz de la Sierra.

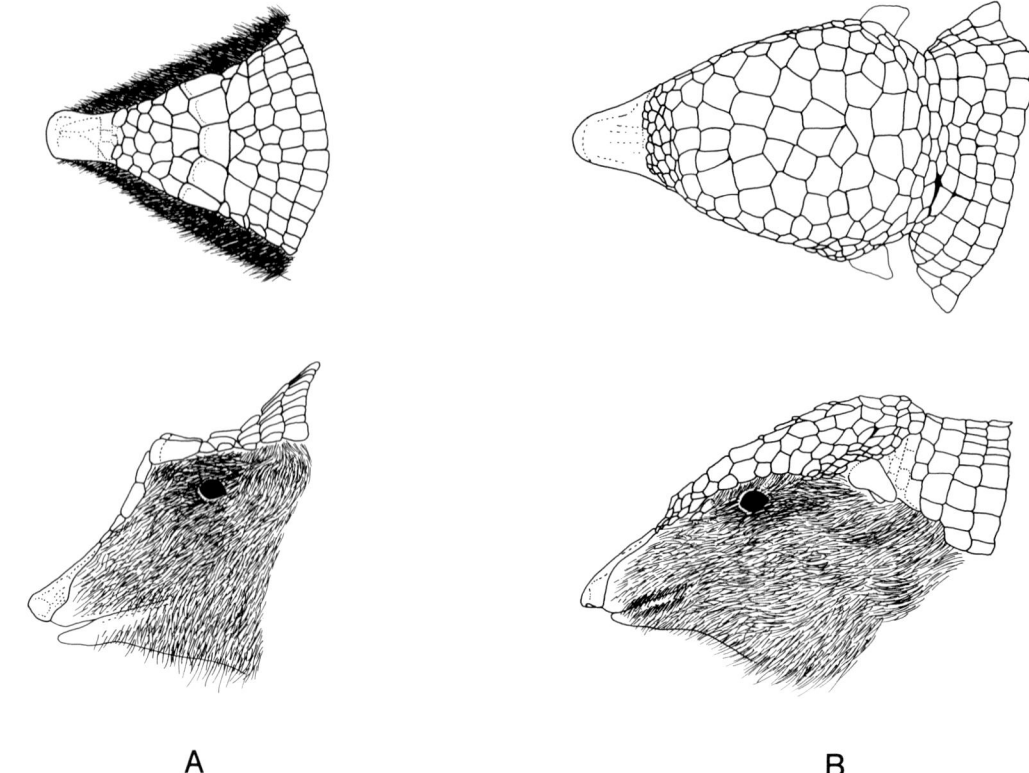

Abb. 38. Tribus Gürtelmulle, Chlamyphorini: Kopfschild und vier Schuppenreihen des Rückenpanzers in Aufsicht und Seitenansicht. A *Chlamyphorus truncatus*, B *Chlamyphorus retusus*. Nach Museumsbälgen gezeichnet.

Kennzeichen: Größer als die folgende Art. Rückenpanzer seitlich nicht abhebbar. Kopfschild reicht bis hinter die Ohrmuscheln, Grenze zwischen Kopfschild und erster Schuppenreihe deutlicher als bei *Ch. truncatus* (Abb. 38). Ohrmuschel sehr klein. Schwanzspitze nicht plattenartig verbreitert.

Hirnschädel weniger aufgebläht als bei *Ch. truncatus*, mit kräftigen Nuchalwülsten und deutlicher Crista sagittalis zwischen den Parietalia (Abb. 39). Knochen der Hirnkapsel kräftig und dick. Stirnhöcker niedriger als bei *Ch. truncatus*, ohne leistenartige Verstrebungen zur Schnauzenspitze hin. Meatus acusticus externus auf Höhe der Processus zygomaticus des Squamosums endend. Processus zygomaticus des Maxillare ohne ventrad gerichteten Fortsatz.

Maße: KRL 165–189; S 35–38; HF 16–19 (einschließlich Krallen); O etwa 5 (80). Schädelmaße einer Serie von 3 Tieren vom Typusfundort (ZSM 1962/320, 1974/83–84): CNL 42,6–43,8; IOB 15,2–15,7; ZB 27,9–29,2; OZR 17,0–17,6.

Verbreitung (Abb. 25): SO-Bolivien, W-Paraguay und N-Argentinien (Provinzen Mendoza und Formosa) (94).

Chlamyphorus truncatus HARLAN 1825
 Kleiner Gürtelmull Abb. 25 (Verbreitung), Abb. 38 (Kopfschild), Abb. 40 (Schädel)

1825 *Chlamyphorus truncatus* HARLAN, Ann. Lyc. nat. Hist., Paris, 1 : 235. – Terra typica: Argentinien, Mendoza, Rio Tunuyán.

Kennzeichen: Kleiner als vorige Art. Rückenpanzer nur in der Rückenmitte (entlang der Wirbelsäule) mit dem Rumpf verbunden; seine Seiten liegen locker dem Rücken auf und lassen sich leicht abheben. Seidiges weiches Haarkleid auch unter dem Rückenpanzer. Grenze zwischen Kopfschild und Rückenpanzer liegt zwischen den Augen und ist weniger scharf markiert als bei *Ch. retusus* (Abb. 38). Ohrmuscheln fehlen. Schwanz am Hinterende abgeplattet.

Hirnschädel blasenförmig gewölbt, oberseits völlig glatt, ohne Wülste oder Leisten (Abb. 40). Knochen der Hirnkapsel dünn und transparent. Paarige Stirnhöcker sehr groß, von jedem Höcker zieht eine leistenartige Verstrebung zur Schnauzenspitze. Knöcherner äußerer Gehörgang länger als bei *Ch. retusus*; er zieht als dünnwandige Röhre nach dorsal bis zur Ansatzstelle des Jochbogens, biegt dort rechtwinklig rostrad um und verläuft auf der Oberkante des Jochbogens über dessen halbe Länge (Abb. 40). An seiner Abknik-

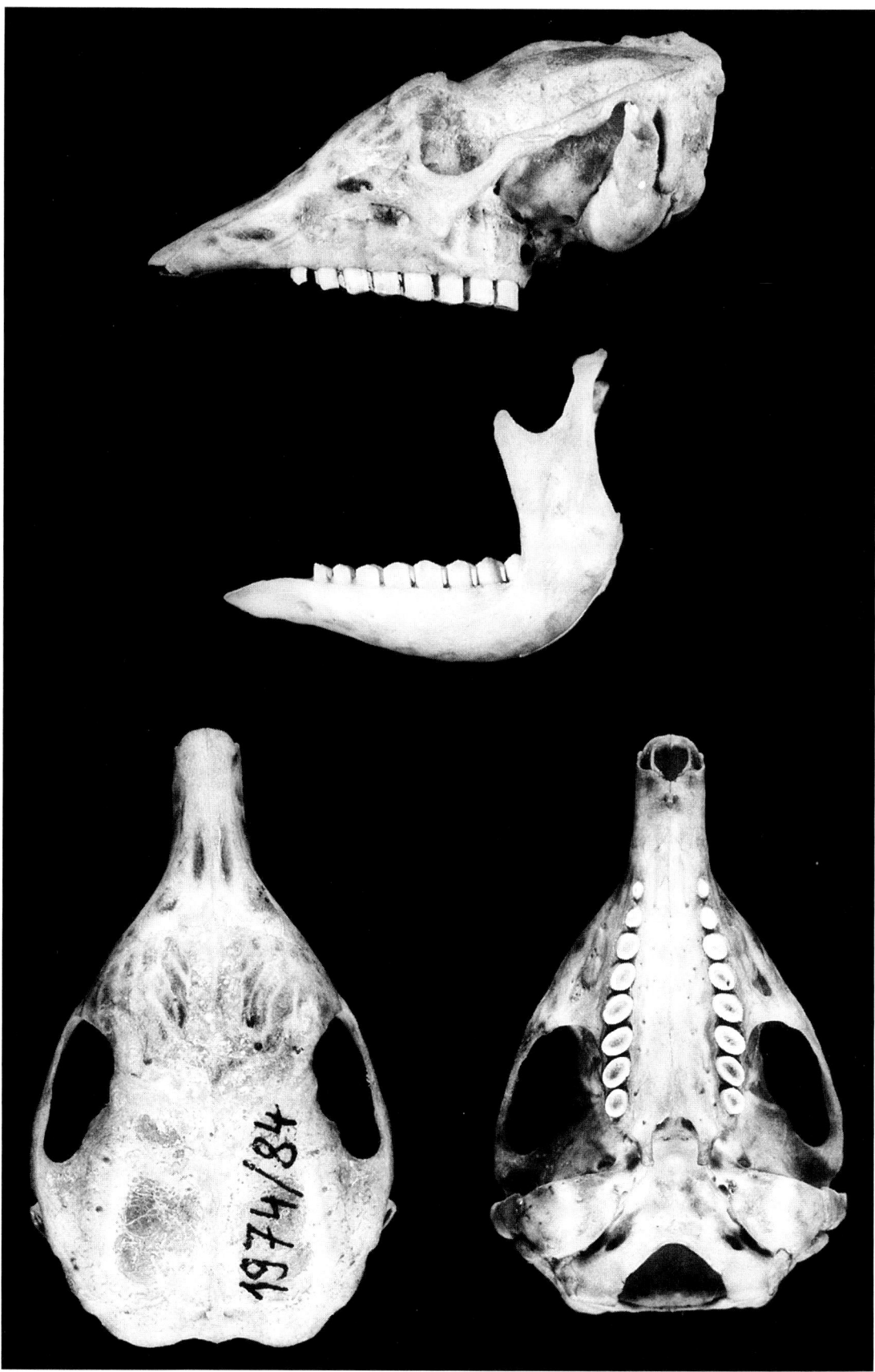

Abb. 39. *Chlamyphorus retusus:* Schädel. ZM 1974/84. Hazienda Buen Petiro, Santa Cruz de la Sierra, Bolivien.

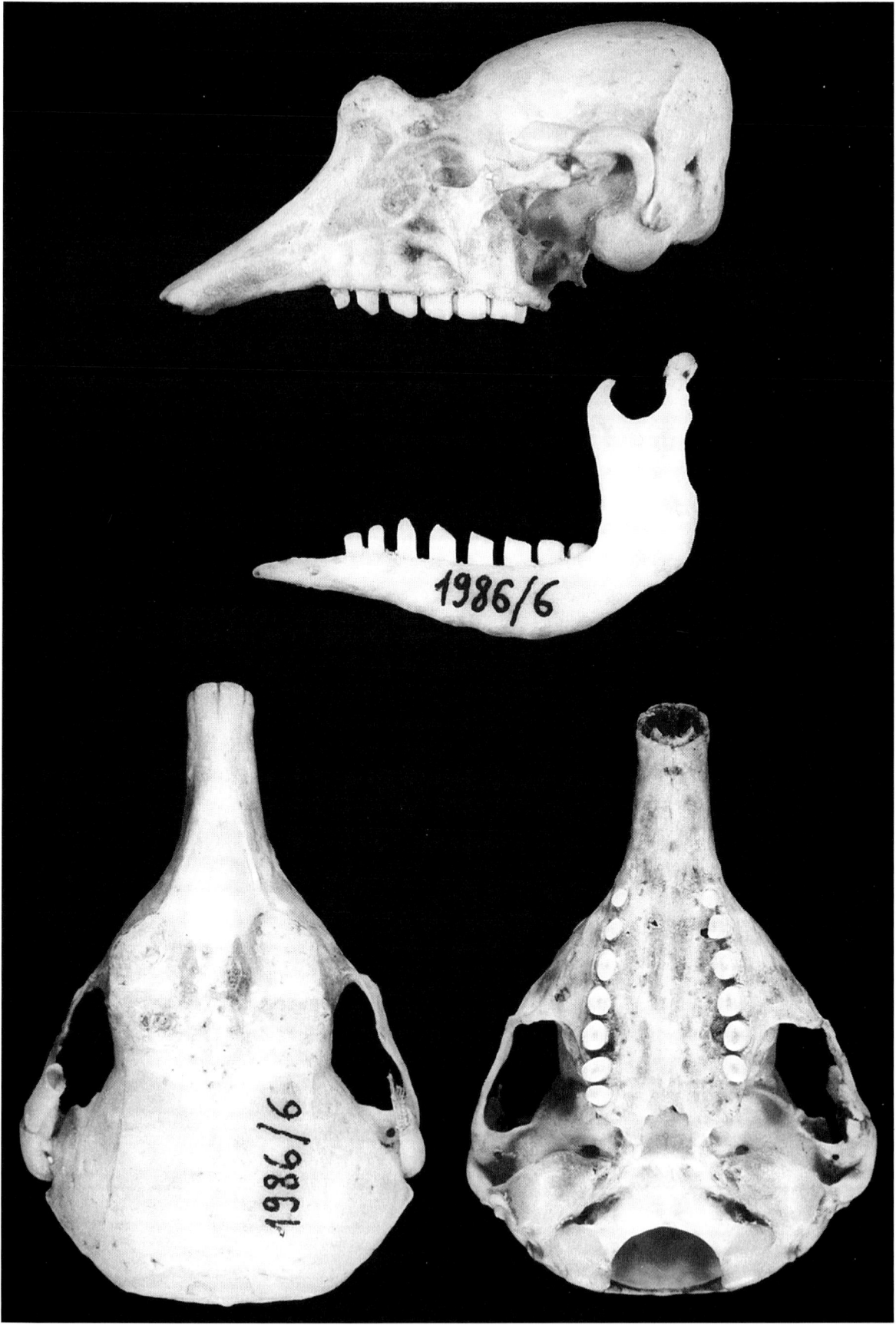

Abb. 40. *Chlamyphorus truncatus:* Schädel. ZSM 1986/6, Mendoza, Argentinien.

kungsstelle begrenzt der Meatus acusticus externus zusammen mit dem Processus zygomaticus des Squamosums die Fossa mandibularis, so daß der Processus articularis des Unterkiefers hier ein wirksames Widerlager findet (79). Processus zygomaticus des Maxillare sehr breit, mit einem großen, dreieckigen, nach ventral gerichteten Fortsatz.

Maße: KRL 114–150; S 25–35. Schädelmaße eines Exemplares aus Mendoza, Argentinien (ZSM 1986/6): CNL 34,8; IOB 13,5; ZB 24,9; OZR 12,8 (1. rostraler Zahn fehlend).

Chromosomen: 2n = 58 (64).

Verbreitung: Abb. 25. Argentinien, Hauptverbreitungsgebiet Departamento General Alvear, Provinz Mendoza (79).

Unterordnung **Tardigrada**[*]
Faultiere

Kennzeichen: Ungepanzerte Xenarthren mit starker Behaarung, Schädel mit kurzem Gesichtsteil, Jochbogen groß, aber nicht völlig geschlossen, mit großem, abwärts gerichtetem Fortsatz. Zähne meist 5/4, Gebiß homodont mit Tendenz zur Heterodontie: Vorderstes Zahnpaar bei Choloepidae und Vertretern fossiler Familien caniniform. Fam. Mylodontidae mit kurzen, kräftigen Gliedmaßen und geraden, dorsoventral abgeflachten Krallen, übrige Familien mit langen, schlanken Gliedmaßen und gebogenen, seitlich zusammengedrückten Krallen. Pflanzenfresser mit kräftiger Kaumuskulatur, die rezenten Formen mit gekammertem Magen. Angehörige der ausgestorbenen Familien (Megalonychidae, Megatheriidae und Mylodontidae) waren Bodenbewohner mit Riesenformen im Pleistozän. Die beiden rezenten Familien sind Baumbewohner.

Systematik: Rezent zwei Familien mit je einer Gattung und zusammen 5 Arten. Angehörige einer weiteren Familie (Megalonychidae) überlebten auf den Antillen bis in historische Zeit und wurden vermutlich vom Menschen in präkolumbianischer Zeit ausgerottet (53, 141).

Die beiden rezenten Faultiergattungen *Bradypus* und *Choloepus*, die in der älteren Literatur überwiegend als Angehörige einer einzigen Familie (Bradypodidae) galten, zeigen trotz großer Ähnlichkeit in Habitus und Lebensweise gravierende morphologische Unterschiede: Unterschiedliche Zahl von Hals- und Brustwirbeln, Ossa narialia und Os praenasale nur bei *Choloepus*, Unterschiede im Gebiß, im Bau der Tympanalregion und des Extremitätenskelettes sowie im Feinbau des Haares (siehe die Beschreibungen dieser Merkmale bei den Familienkennzeichen). Beide Gattungen entstammen mit großer Wahrscheinlichkeit unterschiedlichen Wurzelgruppen, wobei *Bradypus* von den Megatheriidae abzuleiten ist, *Choloepus* von den Megalonychidae (100, 106, 107). Nach den Unterschieden in den Serum-Albuminen spalteten sich die beiden rezenten Faultiergruppen vor etwa 35 Mio. Jahren (123) auf.

Die Zweifingerfaultiere sind deshalb hier als Angehörige einer eigenen Familie Choloepidae (Zweifingerfaultiere) klassifiziert, wie dies unter anderem THENIUS (142, 143), PATTERSON (106) und HOFFSTETTER (59) vorschlagen. WEBB (150) weist auf Übereinstimmungen in Schädel- und Skelettmerkmalen bei rezenten Zweifingerfaultieren und einigen pleistozänen Vertretern der Megalonychidae hin. Einige Autoren klassifizieren daher die beiden rezenten *Choloepus*-Arten als Angehörige der Megalonychidae (zum Beispiel 4, 149). ENGELMANN (32) hält dagegen die von WEBB aufgeführten Übereinstimmungen nicht für überzeugend, da es sich um Primitivmerkmale handelt, und betrachtet die Gattung *Choloepus* als eigenständigen Zweig innerhalb der Tardigraden-Radiation. Da sowohl die phylogenetischen Beziehungen innerhalb der Megalonychidae und Megatheriidae als auch das Verwandtschaftsverhältnis zwischen beiden Familien noch ungeklärt sind (32), gilt hier die eigenständige Familie Choloepidae als valid.

Im älteren Schrifttum sind die fossilen Mylodontidae, Megatheriidae und Megalonychidae in einer Überfamilie Megatherioidea (= Gravigrada, „Riesenfaultiere") zusammengefaßt und den rezenten Baumfaultieren gegenübergestellt, die dann zur Überfamilie Bradypodoidea zusammengefaßt wurden. Nach PATTERSON (106) und ENGELMANN (32) fand die phylogenetische Trennung nicht zwischen fossilen Boden- und rezenten Baumfaultieren statt, sondern innerhalb einer basalen Wurzelgruppe spalteten sich die zwei Hauptstämme Mylodontoidea (mit den Mylodontidae einerseits) und Megatherioidea (mit Megatheriidae und Megalonychidae andererseits) auf.

---

[*] Zur Gültigkeit des Namens für die Unterordnung vgl. HOFFSTETTER 1969, S. 92

Familie **Bradypodidae**
Dreifinger-Faultiere

Kennzeichen: Kleiner runder Kopf mit abgestutzter Schnauze und kleiner Mundöffnung. Augen fast geradeaus nach vorn gerichtet. Stirnhaare büschelartig nach vorn oder zur Seite fallend, deutlich von der kurzen Gesichtsbehaarung abgesetzt. Langer, beweglicher Hals. Schwanzlänge ungefähr 1/10 der Gesamtlänge. Vorderextremität ungefähr 1,5 mal so lang wie Hinterextremität. Je 3 syndactyle Zehen (II, III und IV, Abb. 41 rechts) an Vorder- und Hinterextremität mit langen, hakenartig gebogenen Krallen. Krallen der Vorderextremität 7 bis 8 cm lang, diejenigen der Hinterextremität 5,0 bis 5,5 cm. Hand- und Fußsohlen behaart bis auf eine kleine ovale, schräg nach innen gestellte Schwiele (112).

Deckhaare hart und glanzlos, ohne Mark, nur aus Rinde und Cuticula bestehend. Die Cuticula ist sehr dick, ihre Oberfläche von zahlreichen transversalen Rissen und Fissuren durchsetzt, die mit zunehmendem Alter des Haares größer und tiefer werden; sie können sich bis zur Rinde erstrecken und sich so ausbreiten, daß das Einzelhaar bei rasterelektronenmikroskopischer Vergrößerung wie eine perlschnurartige Kette erscheint (1). Alle Teile des Deckhaares können sich mit Wasser vollsaugen, wobei das Haar so stark anschwillt, daß sich die transversalen Fissuren schließen.

Die Oberfläche der Cuticula ist von einzelligen Algen besiedelt, die Fissuren sind algenfrei. Bei Dreifinger- und Zweifingerfaultieren sind bisher insgesamt 18 Algenarten aus den Klassen Cyanophycea, Chlorophycea, Bacillariophycea und Rhodophycea nachgewiesen (146). Die Algen lassen das feuchte Fell grünlich schimmern, das trockene Fell erscheint bräunlich grau. Möglicherweise handelt es sich hierbei um eine symbiontische Beziehung, wobei das Faultier durch den grünlichen Algenbewuchs optische Tarnung erhält, während das wasserabsorbierende Haar die Entwicklung der Algen begünstigt. (Diskussion bei AIELLO, 1). Unterwolle kürzer, weich, mit feiner Textur, ohne Algenbewuchs.

Im Fell der Dreifingerfaultiere leben die Imagines nichtparasitischer symphorionter Schmetterlinge und Käfer (149). Besonders erwähnt seien die Faultierzünsler (Fam. Pyralidae, Unterfamilie Chrysauginae; Lepidoptera), von denen bisher 5 Arten beschrieben sind, die sämtlich bei der Gattung *Bradypus* vorkommen können: *Bradypodicola hahneli* Spuler, 1906; *Cryptoses choloepi* Dyar, 1908; *Cryptoses waagei* Bradley, 1982; *Cryptoses rufipictus* Bradley, 1982 und *Bradypophila garbei* Ihering, 1914. Im Fell eines einzelnen Faultieres können sich bis zu 120 Faultierzünsler aufhalten. Die Zünsler der Gattung *Cryptoses* leben auf der Oberfläche des Faultierfelles, während *Bradypodicola hahneli* im Fell verborgen ist und sich dort relativ rasch fortbewegen kann. Wovon sich die Imagines dieser Symphorionten ernähren, ist unbekannt, es gibt keinen Hinweis darauf, daß sie sich von Keratin, Hautsekreten oder Blut ihrer Träger ernähren. Auch die häufig geäußerte Vermutung, daß sie die Algen auf den Haaren der Faultiere fressen, ist bisher nicht bewiesen worden (166). Die Larven entwickeln sich in oder auf den Kothaufen der Faultiere, zur Eiablage verlassen die legereifen Weibchen das Faultierfell, während sich die Faultiere zur Kotablage am Boden aufhalten. Nach dem Schlüpfen suchen die Imagines aktiv einen neuen Träger. Bei *Bradypodicola hahneli* brechen die Flügel nach Besiedeln des Faultierfelles teilweise ab, so daß die Imagines flugunfähig sind. Der Aufenthalt im Fell der Faultiere erhöht die Wahrscheinlichkeit, daß der Symphoriont zur Eiablage einen Dunghaufen und damit ein geeignetes Substrat für die Larvalentwicklung findet (149).

Rhinarium klein, nackt, Nasenöffnungen kleiner als bei *Choloepus*, ohne verdickte Ränder. Penis kurz und dick mit einer Rinne an seine Unterseite, deren Basis die Mündung des Urogenitalkanals enthält (154). Penis ähnelt dadurch der Klitoris. Unterscheidung der Geschlechter außer bei *Bradypus torquatus* jedoch am Vorhandensein oder Fehlen des Speculums (siehe unten) möglich. Penis oder Klitoris nahe am Anus auf einem nackten Hautfeld, das sich sackartig über die Ano-Genitalregion stülpen und eine Kloake vortäuschen kann (112). Zwei Zitzen in der Brustgegend.

Schädel rund, antorbitaler Teil sehr kurz (Abb. 45). Jochbogen unvollständig, Jugale erreicht den Processus zygomaticus des Squamosums nicht, ist jedoch bedeutend länger als bei Choloepidae (100). Unterhalb der Orbita weist das Jugale einen großen, ventralwärts gerichteten Fortsatz auf. Bis zur Ansatzstelle des Fortsatzes verläuft das Jugale schräg nach unten, von hier an biegt es schräg nach dorsal um (Abb. 45). Entotympanicum und Tympanicum zur Bulla tympanica verschmolzen. Gewöhnlich 5/4 Zähne mit Dauerwachstum. Zähne einfach zylindrisch, alle von ungefähr gleicher Größe; das vorderste maxillare Paar ist jedoch stets kleiner und kann manchmal fehlen, das zweite maxillare Paar ist etwas größer als die nachfolgenden. Kaufläche bei Zähnen mit geringem Abschliff plan, bei stärker abgeschliffenen Zähnen sind die Zahnränder giebelförmig abgeschliffen, die Mitte der Kronenoberfläche ist kraterartig eingesenkt. Obere Zahnreihen nach vorn divergierend, untere Zahnreihen parallel oder nach vorn leicht divergierend. Erster Unterkieferzahn queroval, breiter als die nachfolgenden Unterkieferzähne. Abstand zwischen 1. und 2. Zahn im Ober- und Unterkiefer kürzer als die Kronenlänge des 2. Zahnes.

Postcraniales Skelett mit 8 bis 10, meist 9 Halswirbeln (höchste Zahl bei Säugetieren). Der 9. und gelegentlich auch der 8. Halswirbel mit Halsrippen, die das Manubrium sterni nicht erreichen. Die hohe Zahl an Halswirbeln verleiht dem Kopf eine große Beweglichkeit; Drehbewegungen des Kopfes um 270° sind möglich. Die Tiere können, mit dem Körper nach unten im Geäst hängend, geradeaus nach vorn schauen. 14 bis 16 Brustwirbel, 3 bis 4 Lendenwirbel, 5 bis 6 Sacralwirbel, 9 bis 10 Schwanzwirbel. Dornfortsätze an den Brust- und Lendenwirbeln sehr niedrig. Xenarthrale Gelenkverbindungen gering entwickelt (S. 4 und Abb. 1). Wirbelkörper der Lendenwirbel und der hinteren Brustwirbel sind von je zwei Kanälen durchbohrt, durch die basi-vertebrale Venen zu einem im Wirbelkanal gelegenen Venenstamm ziehen (152).

Scapula mit Foramen coraco-scapulare (S. 7 und Abb. 6). Acromion nicht mit dem Processus coracoideus verwachsen, jedoch durch ein kräftiges Ligament mit ihm verbunden. Clavicula vorhanden, aber klein und ohne Verbindung zum Sternum.

Extremitätenskelett zeigt gegenüber dem der Choloepidae zahlreiche Abweichungen (89): Radius und Ulna gebogen, bilden zusammen ein Oval. Handwurzel und Mittelhand kräftig, kurz und durch Knochenverschmelzungen sehr kompakt und wenig beweglich. Von den Metacarpalia sind nur die mittleren drei (II, III und IV) ausgebildet (Abb. 41), jedoch relativ kurz und kräftig und lateral abgeplattet. Sie legen sich an ihrem proximalen Ende eng aneinander, Metacarpalia III und IV verwachsen beim adulten Tier an der Berührungsstelle synostotisch, Metacarpale II verwächst mit dem Trapezium. Laterale Metacarpalia I und V stark verkürzt (etwa 1 cm lang) und mit dem proximalen Ende der benachbarten Metacarpalia (II bzw. IV) verwachsen. Nur drei Finger (II, III und IV) mit je drei Phalangen ausgebildet. Erste Phalanx kurz, sowohl mit dem entsprechenden Metacarpale als auch mit der zweiten Phalanx bis auf schmale Suturen verschmolzen, wobei die Suturen mit zunehmendem Alter vollständig verstreichen können. Nur die distale, krallentragende Phalanx ist beweglich mit

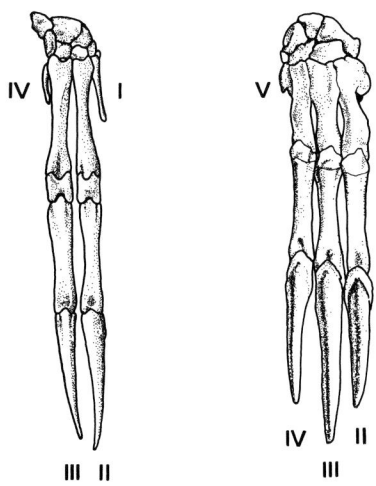

Abb. 41. Skelett der distalen Vorderextremität von *Choloepus* spec. (links) und *Bradypus* spec. (rechts). Nach GRASSÉ 1967, leicht verändert.

der vorhergehenden verbunden und läßt sich zur Palmarfläche hin beugen. Auch die Knochenelemente von Fußwurzel und Mittelfuß sind weitgehend miteinander verschmolzen: Metatarsalia untereinander, mit den distalen Tarsalia und den proximalen Phalangen bis auf schmale Suturen verschmolzen. Auch Phalangen 1 und 2 sind unbeweglich miteinander verbunden; nur in der Verbindung zwischen dem zweiten und dem dritten, krallentragenden Phalangenglied sind Bewegungen möglich (93). Metatarsalia II, III und IV kurz und kräftig, lateral abgeplattet. Metatarsalia I und V reduziert und mit den benachbarten Metatarsalia II bzw. IV verschmolzen. Im Gegensatz zu den Choloepidae ist der gesamte Hinterfuß kräftig und kompakt, jedoch im subtalaren Gelenk zu Pro- und Supinationsbewegungen fähig. Tibia und Fibula getrennt, dadurch ein hohes Maß an nach innen gerichteter Rotation des Fußes möglich (12).

Magen (Abb. 42) sehr groß und in Anpassung an Blätternahrung gekammert: Ösophagus mündet in einen Speichermagen (Vordermagen), der durch wandpfeilerartige Falten unvollständig in drei halbkugelige Blindsäcke unterteilt ist. Deren Wände sind mit verhorntem Plattenepithel ausgekleidet. Vom rechten Blindsack geht ein schlauchförmiges, 15 bis 20 cm langes Divertikel aus, das Cardiadrüsen enthält. An den linken Blindsack schließt sich ein röhrenförmiger Magenteil (Hintermagen oder pyloriger Magen) an, der durch eine Grenzfalte in zwei Abschnitte zerlegt wird: In einen dünnwandigen Drüsenmagen (mit Haupt- und Pylorusdrüsen), an den sich duodenalwärts ein Muskelmagen anschließt, der keine Drüsen enthält, sondern mit einem verhornten, papillentragenden Epithel ausgekleidet ist und als

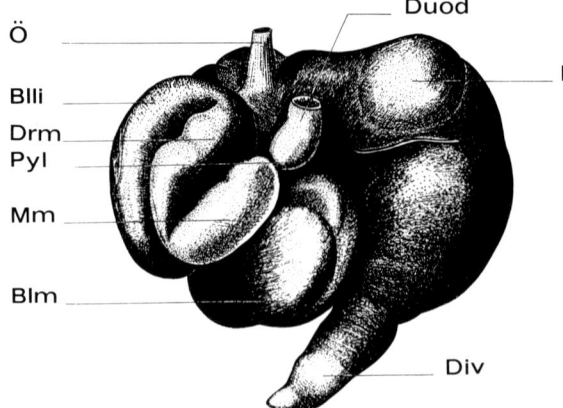

Abb. 42. *Bradypus* spec.: Magen von dorsal. Abkürzungen: Blli, Blm, Blre = linker, mittlerer bzw. rechter Blindsack; Div = Divertikel; Drm = Drüsenmagen; Duod = Duodenum; Mm = Muskelmagen; Ö = Ösophagus; Pyl = Pylorus. Nach BOLK et al. 1967.

Kaumagen (Triturationsorgan) funktioniert (11, 16). Verbindung zwischen Vordermagen und Muskelmagen durch eine Schlundrinne, die von zwei muskulösen Wandfalten gebildet wird.

Darmkanal kurz, seine Gesamtlänge beträgt etwa 198 cm. Äußerlich ist keine Unterscheidung von Dünn- und Dickdarm möglich, die entsprechenden Darmabschnitte sind jedoch histologisch differenziert (85). Coecum fehlt, Rectum sackartig erweitert und mit kräftigen Wänden. Leber relativ klein, ungelappt, gegenüber der bei Säugern normalen Lage um 135° nach rechts gedreht, so daß sie dorsal des Magens zu liegen kommt und nirgends die ventrale Rumpfwand berührt. Keine Gallenblase vorhanden.

Nieren caudalwärts in die Beckenhöhle verlagert, ungelappt, Hoden zeitlebens in der Bauchhöhle liegend, caudal der Nieren und ventral vom Rectum. Glandulae vesiculares und urethrales, möglicherweise auch Gl. prostaticae in den Musculus urethralis eingebettet, Vorhandensein von Cowperschen Drüsen zweifelhaft (154). Vagina durch ein Längsseptum in zwei Vaginalkanäle unterteilt, die getrennt in den Sinus urogenitalis einmünden (134, 152).

Lungen klein und ungelappt, asymmetrisch gelagert: Rechte Lunge reicht weit über die Mittellinie des Körpers bis über den Herzbeutel nach links. Verlauf der Trachea einzigartig unter den Säugetieren: Sie verläuft dorsal der Lungen entlang der Wirbelsäule bis zum Zwerchfell, biegt dort nach vorn um und zieht orad bis auf Höhe der Venae pulmonales, biegt wieder nach caudad um und erstreckt sich bis zum Hinterrand der Lungen, wo sie den linken und rechten Bronchus in den Hilus der Lunge entsendet.

Systematik: 1 Gattung, 2 Untergattungen, 3 Arten.

Lebensweise: Nur als Baumbewohner in immergrünen und sommergrünen Wäldern. Überwiegende Fortbewegungsart ist das Hängeklettern mit nach unten hängendem Körper, wobei Sohlen und Krallen als Aufhängehaken dienen (12); die Tiere suchen den Boden nur etwa alle 8 Tage auf, um Kot abzugeben. Gute Schwimmer. Nahrung: Verschiedenartige Blätter und Triebe. Fortpflanzung einmal jährlich, Tragzeit 120 bis 180 Tage, nur ein Jungtier, das die Mutter drei bis vier Wochen säugt und 6 Monate auf dem Bauch umherträgt.

Gattung **Bradypus** LINNAEUS 1758.
Syst. Nat., 10. Aufl., 1 : 34.

Untergattung **Bradypus** LINNAEUS

Kennzeichen: Ohne verlängertes Nackenhaar; Fell mit weißlicher Sprenkelung oder Marmorierung, Männchen mit bunter schildartiger Zeichnung zwischen den Schulterblättern, Unterkiefer an der Symphyse nicht schnabelartig verlängert, Pterygoide nicht aufgebläht, Humerus ohne Foramen entepicondyloideum (75).

Bradypus tridactylus LINNAEUS 1758
Dreifinger-Faultier, Ai Abb. 43 (Nasopharynx), Abb. 44 (Verbreitung)

1758 *Bradypus tridactylus* LINNAEUS, Syst. Nat., 10. Aufl., 1 : 34. – Terra typica: Surinam.
1831 *Bradypus cuculliger* WAGLER, Isis: 605. – Terra typica: Surinam, Cayenne und Guiana.

Kennzeichen: Grundfärbung braun, grau oder graubraun, mit weißlicher, fast leopardartiger Marmorierung auf dem Rücken. Haarstrich unregelmäßig und individuell sehr unterschiedlich: Rückenhaare bei manchen Individuen gerade nach hinten, bei anderen zur Mittellinie des Rückens hin gerichtet. Schulter- und Nackenge-

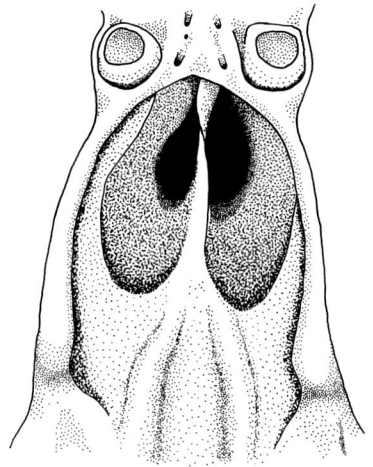

Abb. 43: *Bradypus tridactylus:* Blick von ventral in den Nasopharaynx. RMNH 17766, Leysweg, westl. Paramaribo, Surinam.

gend mit mehreren Haarwirbeln. Stirnhaare deutlich von der kürzeren Gesichtsbehaarung abgesetzt, entweder wie bei einer „Ponyfrisur" nach vorn fallend oder in der Mitte gescheitelt. Kehle und Stirn gelblich oder weiß. Männchen zwischen den Schulterblättern mit einer schildartigen Zeichnung („Speculum"): Schwarzer dicker Längsstreif, umgeben von einem gelblichen oder orangefarbenen, ovalen Feld; das Feld ist von schwarzen Tupfen oder Streifen begrenzt (75, 84), Haare des Rückenschildes deutlich kürzer als die des umgebenden Felles, entsprechende Stelle kraterartig eingesenkt. KRUMBIEGEL (75) vermutet, daß die Tiere diese Rückenstelle an Ästen reiben und dadurch die Haare abwetzen. Größe und Form des Speculums wie auch die gesamte Grundfärbung individuell sehr verschieden. Weibchen ohne Speculum, nur mit einem unregelmäßigen dunklen Längsstreifen vom Nacken bis zur Rumpfmitte. Schwanz kurz, etwa ein Zehntel der KRL. Dorsales Dach des Nasopharynx mit einem Paar großer Foramina, die in den Recessus ethmoturbinalis münden (Abb. 43).

Maße: KRL 445–555; S 31–75; HF 90–140 (ohne Krallen); O 10–15; CNL 66–83,4; Gew. 3–6 kg.

Chromosomen: $2n = 52$. X-Chromosom submetazentrisch, Y-Chomosom metazentrisch (64).

Verbreitung: Abb. 44. Vom Orinoco-Delta in Venezuela nach SO durch Britisch und Französisch Guayana und Surinam bis NO-Brasilien. Entlang des Amazonas vom Rio Negro bis zur Mündung sympatrisch mit *Bradypus variegatus*.

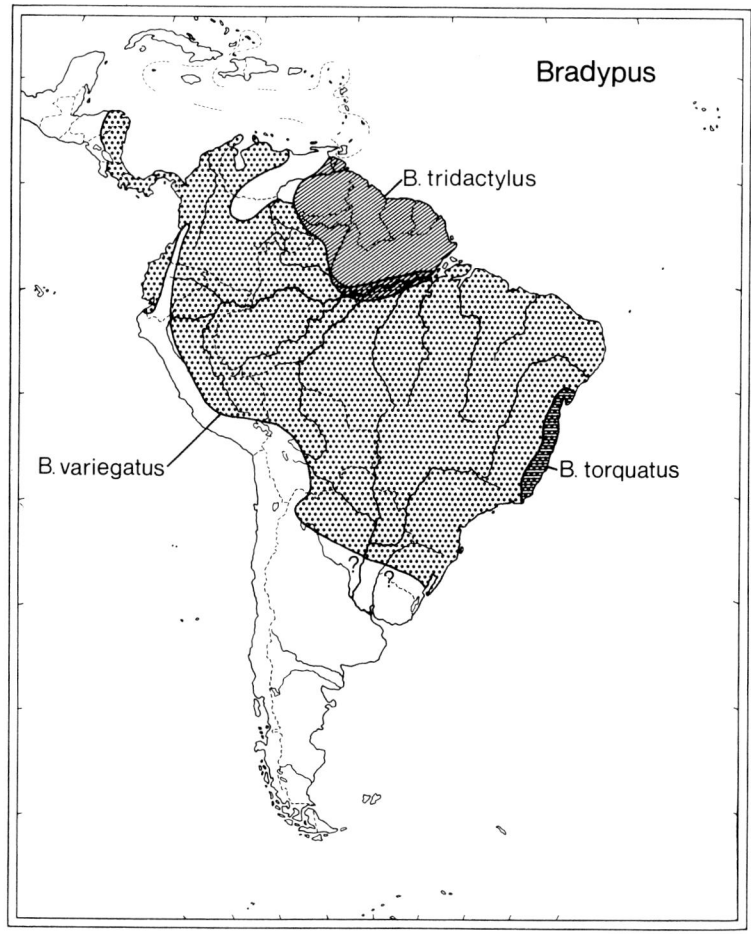

Abb. 44. Verbreitung der Arten der Gattung *Bradypus*. Nach HALL 1981, WETZEL 1982.

Bradypus variegatus SCHINZ 1825
Abb. 44 (Verbreitung), Abb. 45 (Schädel)

1825 *Bradypus variegatus* SCHINZ, Das Thierreich, **1**: 510. – Terra typica: Brasilien, vermutlich Bahia.
1831 *Bradypus infuscatus* WAGLER, Isis: 611. – Terra typica: Brasilien, Zusammenfluß von Rio Icá und Rio Solimões.
1871 *Bradypus boliviensis* GRAY, Proc. Zool. Soc. London: 422. – Terra typica: Bolivien, Santa Cruz, Buena Vista.

Kennzeichen: Färbung des Körpers ähnlich wie bei voriger Art. Männchen mit Speculum. Kehle im Gegensatz zu *B. tridactylus* nicht hell, sondern braun. Gesicht und Stirn weißlich mit dunklen Überaugenstreifen, die sich fast maskenartig von der helleren Umgebung abheben. Kopfoberseite dunkel, fast schwarz. Dorsales Dach des Nasopharynx ohne Foramina (Abb. 45).

Maße: KRL 500–700; S 38–90; HF 90–130 (ohne Krallen); O 8–22, CNL 65–87,5; Gew. 2,25–5,5 kg. Größe klinal von SW nach NO zunehmend; größte Exemplare in Bolivien lassen sich als Unterart *boliviensis* GRAY 1871 abtrennen.

Chromosomen: $2n = 54$ oder 55 (bei Fehlen eines X-Chromosoms bei Männchen [64]).

Verbreitung (Abb. 44): Von Guatemala und Honduras durch Mittelamerika bis Südamerika, westlich der Anden bis Ecuador, östlich der Anden durch ganz Kolumbien, Venezuela (außer im Orinoco-Delta), Peru, Brasilien und Bolivien bis N-Argentinien.

Untergattung Scaeopus PETERS 1864
M.ber. preuss. Akad. Wiss, Berlin, **1864**: 678

Kennzeichen: Mit verlängerten schwarzen Nackenhaaren, ohne weißliche Scheckung oder Marmorierung der Oberseite, Männchen ohne wappenartige Rückenzeichnung, Pterygoide pneumatisch vergrößert, Unterkiefersymphyse schnabelartig verlängert, Humerus mit Foramen entepicondyloideum (75, 89, 110).

Bradypus torquatus DESMAREST 1816
Kragen-Faultier Abb. 44 (Verbreitung), Abb. 46 (Schädel)

1816 *Bradypus torquatus* DESMAREST, Nouv. Dict. Hist. Nat. Paris, Appliqué au Arts und Agr., 2. Aufl., **4**: 353. – Terra typica: Brasilien, Küstenregion von Bahia, Espirito Santo und Rio de Janeiro (162).

Kennzeichen: Fell an Kopf und Rücken einheitlich braun; Nacken mit auffallend langen, tiefschwarzen Haaren, die eine regelrechte Mähne bilden und bis über die Schultern fallen. Männchen ohne Speculum. Pterygoide aufgebläht, Unterkiefersymphyse vor dem ersten Zahn spitz zulaufend (Abb. 46), Abstand von Symphysenspitze bis Vorderrand des 1. Zahnes 4,8 bis 7,1 mm (159).

Maße: GL 500–540; S 48–50; HF 100–115 (einschließlich Krallen); CNL 73,5–84,3; Gew. 3,6–4,15 kg (159) (alle Maße für n = 2). Für ein weibliches Exemplar aus Espirito Santo in der Zoologischen Staatssammlung München sind folgende Maße auf dem Sammleretikett angegeben: KRL 600; S 72; HF 110 (ohne Krallen); O 15.

Verbreitung (Abb. 44): Wälder der Küstenregion SO-Brasiliens. Ursprünglich von Rio Grande do Norte bis Rio de Janeiro. Populationen stark abnehmend wegen Abholzung der Wälder, Restpopulationen nur noch in den Staaten Bahia, Espirito Santo und Rio de Janeiro (23).

Familie Choloepidae*
Zweifinger-Faultiere

Kennzeichen: Haare länger und weicher als bei Bradypodidae, auf dem Bauch gescheitelt und entsprechend der überwiegend hängenden Körperhaltung nach dem Rücken zu gerichtet. Symphorionte Käfer kommen im Fell der Choloepidae nicht vor, Faultierzünsler (S. 52) nur gelegentlich; der Befall ist geringer als bei Bradypodidae (149). Färbung nicht sexualdimorph, Männchen ohne wappenartige Rückenzeichnung. Flaches Gesicht mit vorspringender nackter Schnauze. Haare von der Stirn aus nach hinten gerichtet, Stirnhaare nicht deutlich von der Gesichtsbehaarung abgesetzt. Rhinarium groß, Nasenöffnungen weit getrennt und größer als bei Bradypodidae, mit verdickten Rändern. Kleine, im Fell verborgene Ohren. Beine geringfügig länger als Arme, vorn 2 syndactyle Finger (II u. III, vgl. Abb. 41, S. 53), hinten 3 syndactyle Zehen (II, III u. IV). Krallenlänge vorn 5,5 bis 6,5 cm, hinten 5,0 bis 6,5 cm. Hand- und Fußsohlen nackt, stark verhornt. Hals und Nacken kürzer und weniger beweglich als bei Bradypodidae; gewöhnlich nur 6 Halswirbel. Schwanz äußerlich kaum zu erkennen.

Haarkleid ohne Unterwolle (1). Die Deckhaare ohne zentrales Mark, sondern aus Rinde, durchzogen von unregelmäßigen verzweigten Marksträngen, und einer Cuticula bestehend. Die Haare sind noch besser an die Besiedlung mit einzelligen Algen angepaßt als bei den Dreifingerfaultieren: An der Oberfläche des Haares erheben sich 8 bis 11 kräftige Längsleisten; die Algen siedeln sich in den dazwischenliegenden Furchen an, wobei nicht geklärt ist, ob sie auf der Oberfläche der Cuticula wachsen oder in sie eingebettet sind (1). Wie bei den Dreifingerfaultieren vermag das Haar sehr

---
* Auf die Verwendung des nomenklatorisch korrekten „Choelopodidae" wird zugunsten des eingeführten Familiennamens verzichtet.

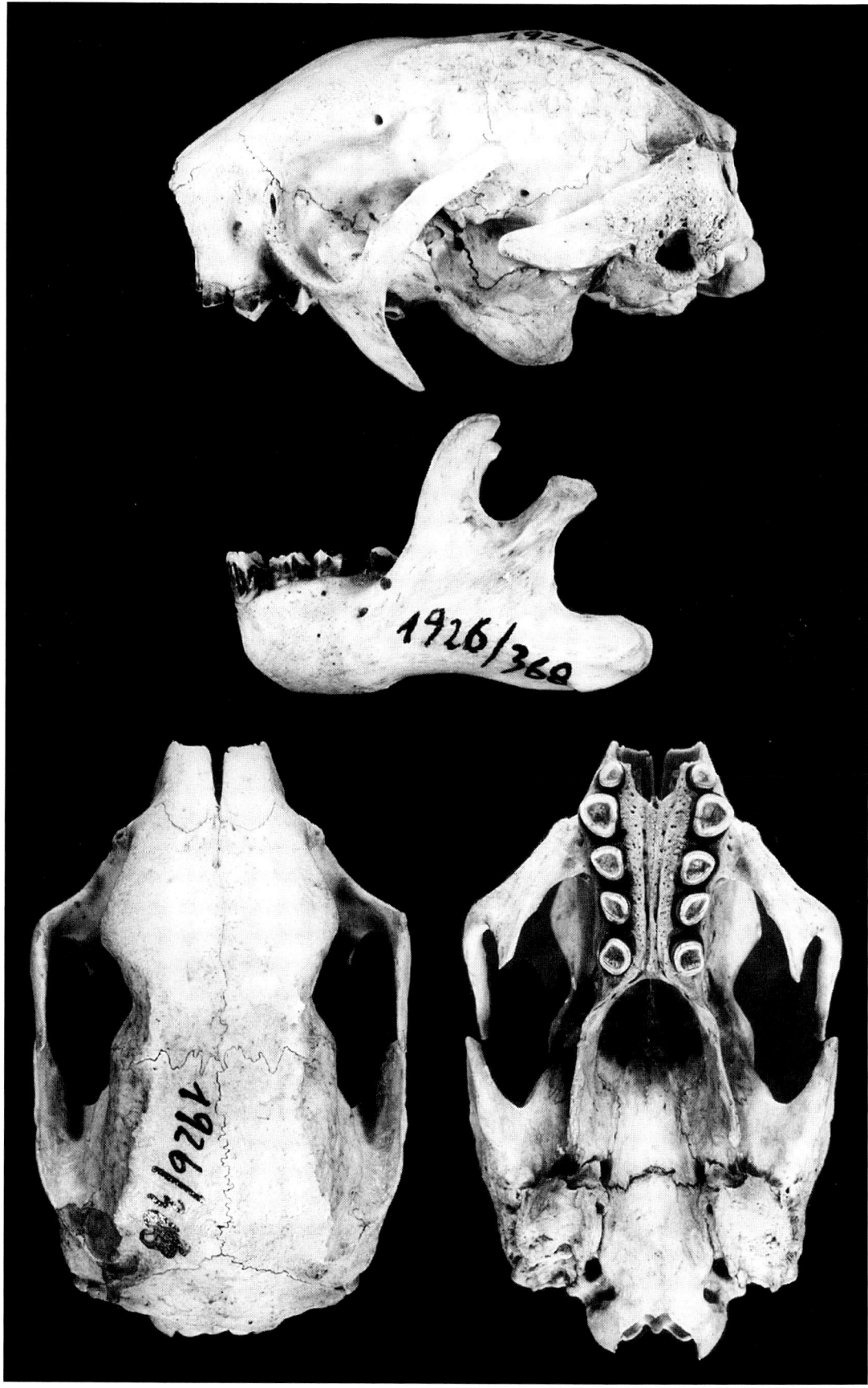

Abb. 45. *Bradypus variegatus:* Schädel. ZSM 1926/368, Santa Cruz, Bolivien.

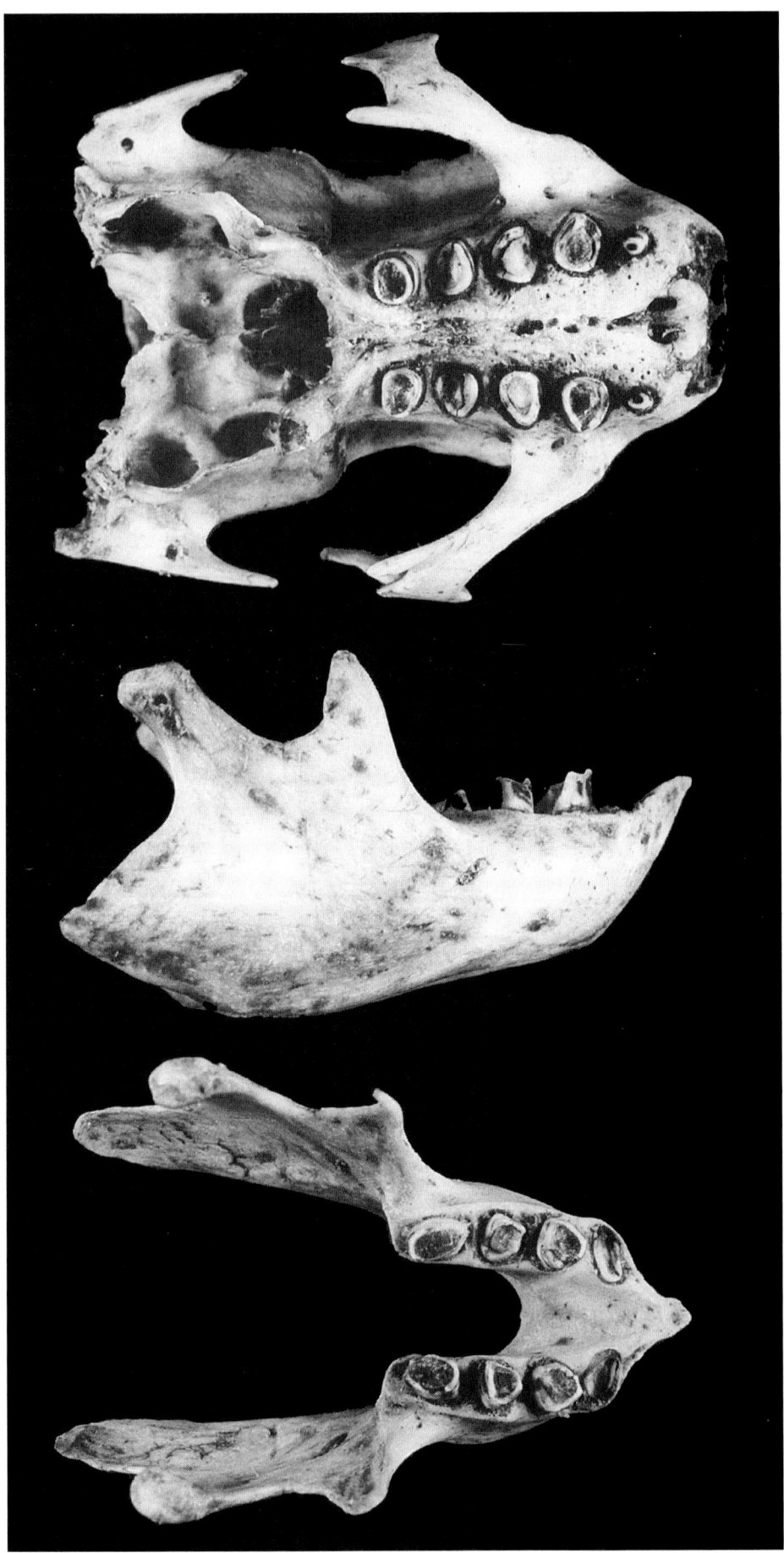

Abb. 46. *Bradypus torquatus:* Schädel, Hinterhauptsregion beschädigt. SMF 304, Brasilien.

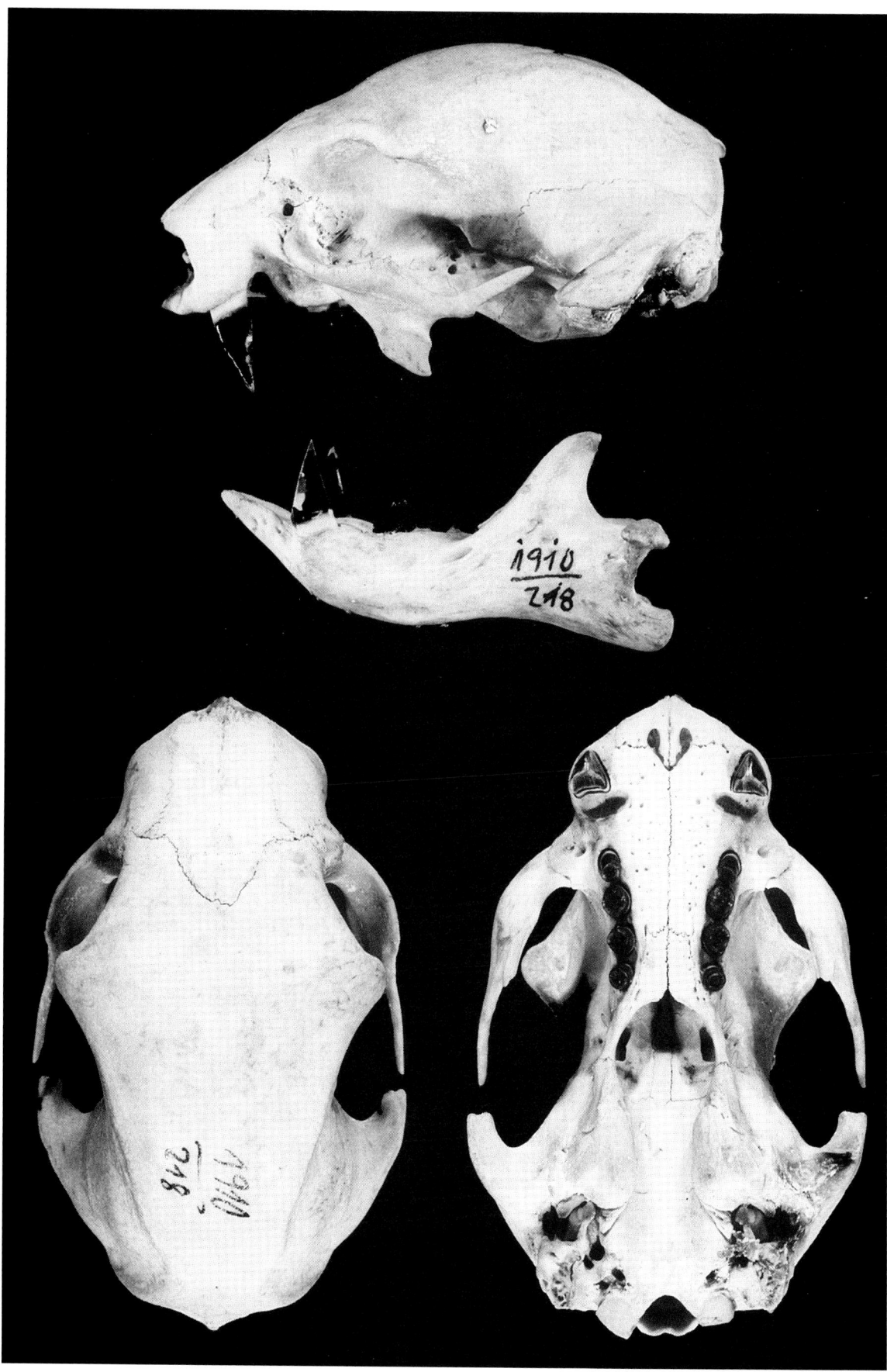

Abb. 47. *Choloepus didactylus:* Schädel. Os praenasale fehlend. ZSM 1910/218, Staat Para, Brasilien.

viel Wasser aufzusaugen, schwillt dabei jedoch nicht an.

Anus und Penis bzw. Klitoris nahe beieinander auf einem nackten Hautfeld, das sich ähnlich wie bei Bradypodidae über die Ano-Genitalöffnung stülpen kann. Penis klein; Eichel in zwei Lippen geteilt, zwischen denen die Mündung des Urogenitalkanals liegt. Zwei brustständige Zitzen.

Schädeldach konvex gebogen (Abb. 47). Voluminöse pneumatische Hohlräume, die mit der Nasenhöhle kommunizieren, im Frontale, Parietale, Nasale, Maxilloturbinale, Pterygoid und Praeshenoid (108). Pterygoid zu einer Bulla aufgebläht. Jochbogen unvollständig, Jugale bedeutend kürzer als bei Bradypodidae und überwiegend horizontal verlaufend, mit abwärts gerichtetem Fortsatz (Abb. 47). Winzige Knochen im Bereich der vorderen Nasenöffnung, die WEGNER (153a) mit den Ossa narialia der Gürteltiere homologisiert (vgl. Fußnote S. 15). Naht zwischen Praemaxillare und Maxillare deutlich. Os praenasale als unpaarer Knochen im Ausschnitt der Nasalia auf der Nasenscheidewand sitzend. Keine Bulla tympanica, Tympanicum halbringförmig, durch einen Spalt vom Entotympanicum getrennt. Zähne 5/4, dunkelbraun gefärbt, mit scharfen, giebelförmig abgeschliffenen Okklusalflächen. Erstes Zahnpaar im Ober- und Unterkiefer caniniform, sehr viel größer als die nachfolgenden Zähne, im Querschnitt dreieckig und durch ein weites Diastema von der übrigen Zahnreihe getrennt. In Okklusion liegt die Vorderseite des unteren caniniformen Zahnes der Rückseite des oberen ersten Zahnes an; durch Abrasion an den Flächen werden die Kanten und Spitzen dieses Zahnpaares geschärft (150). Obere Zahnreihe nach vorn divergierend.

Postcraniales Skelett bei *Choloepus hoffmanni* gewöhnlich mit 6 Halswirbeln: Rippe am 7. Wirbel erlangt bedeutende Größe, bleibt beweglich und vereinigt sich mit dem Manubrium sterni. *Ch. didactylus* mit 6 bis 8, gewöhnlich jedoch 7 Halswirbeln (159). 23 bis 25 Brustwirbel (höchste Zahl bei Säugetieren), 3 bis 4 Lendenwirbel, 7 bis 8 Sacralwirbel, 5 bis 6 Schwanzwirbel. Dornfortsätze der Brust- und Lendenwirbel sehr niedrig, kaum erkennbar. Wirbelkörper der hinteren Brust- und der Lendenwirbel von Kanälen durchbohrt wie bei *Bradypus*. Xenarthrale Gelenkverbindung nur angedeutet. Scapula mit Foramen coraco-scapulare. Acromion nach dorsal in Richtung auf den Processus coracoideus gebogen und mit ihm verwachsen. Nur 1 Spina scapulae. Clavicula im Gegensatz zu *Bradypus* gut ausgebildet, erreicht das Sternum. Humerus mit Foramen entepicondyloideum. Radius und Ulna gerade, parallel verlaufend. Metacarpalia und Metatarsalia länger und dünner als bei Bradypodidae. Nur Metacarpalia II und III voll entwickelt, I und IV kurz, griffelförmig, Metacarpale V fehlt (Abb. 41).

Am Hinterfuß sind die Metatarsalia I und V zu kleinen Stäbchen reduziert, aber länger als bei Bradypodidae und nicht mit benachbarten Metatarsalia verwachsen. Im Gegensatz zu *Bradypus* sind die Metacarpalia und Metatarsalia nicht mit den ersten Phalangen verschmolzen. Erste Phalangen sehr kurz; an der ventralen Seite mit zwei zipfelförmigen Fortsätzen, die einen sagittalen Kiel an der Innenseite der distalen Gelenkfläche des Metacarpale oder Metatarsale fest umschließen (Abb. 48). Nach MENDEL (88) stellen die Fortsätze Sesamoidknochen dar, die mit der eigentlichen Phalanx verwachsen sind. Sie verhindern eine völlige Streckung des Gelenkes zwischen Metapodium und erstem Phalangenglied; die Zehen sind daher auch ohne Einsatz von Muskelkraft etwas zur Ventralfläche hin gebeugt, so daß ein schlafendes Tier aus der Hängelage nicht abrutscht (89). Andererseits pressen sich die Fortsätze bei Flexion gegen die dorsale Fläche des entsprechenden Metacarpale oder Metatarsale, so daß sich der Bewegungsspielraum der Gelenke auf 40 bis 50 Winkelgrade beschränkt. Darüber hinaus bilden die beiden Sesamoidfortsätze eine kanalartige Führung für die Sehnen der Flexoren entlang der schmalen Ventralfläche der Metapodien (88). Die Funktion der distalen Extremitätenabschnitte der Choleopidae ist von folgenden Bauprinzipien bestimmt: Die Autopodien bilden relativ starre Kletterhaken; ihre Bewegungsmöglichkeit ist auf Flexion oder Extension beschränkt. Im distalen und proximalen Handwur-

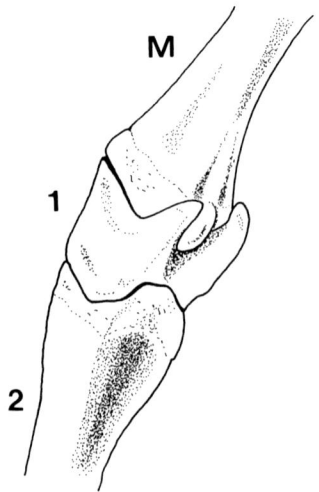

Abb. 48. *Cholopeus* spec. Blick von seitlich/hinten (venbral) auf einen Finger- bzw. Zehenstrahl. M = Metatarsus bzw. Metacarpus, 1, 2 = erste bzw. zweite Phalanx.

zelgelenk sowie im subtalaren Fußwurzelgelenk sind jedoch neben Flexion auch Pronation und Supination in weiten Bereichen möglich, so daß sich die Autopodien in jede beliebige Stellung im Verhältnis zur Körperlängsachse bringen lassen (88).

Die Lage der Nieren und Hoden entspricht der bei den Bradypodidae. Uterus simplex, Vagina nur in der Jugend mit einem Längsseptum. Magen wie bei Bradypodidae durch Septen an der inneren Kurvatur unvollständig gekammert, schlauchförmiger Magenblindsack jedoch nur etwa 3 cm lang (16). Leber größer als bei Bradypodidae, mehrlappig, mit Gallenblase. Trachea nicht bis zum Diaphragma verlaufend und nicht S-förmig gekrümmt.

Verbreitung: Mittel- und nördliches Südamerika.

Lebensweise: Baumbewohner, überwiegend nachts aktiv. Urination und Defäkation in Abständen von 3 bis 8 Tagen am Boden. Nahrung vielseitiger als bei Bradypodidae: Blätter, Früchte, Wurzelknollen, möglicherweise auch kleine Wirbeltiere (158).

Systematik: 1 Gattung, 2 Arten.

Gattung *Choloepus* ILLIGER 1811
Prodr. Syst. Mamm. et Avium: 108

Choloepus didactylus (LINNAEUS 1758)
Zweifinger-Faultier, Unau Abb. 47 (Schädel), Abb. 49 (Nasopharynx), Abb. 50 (Verbreitung)

1758 *Bradypus didactylus* LINNAEUS, Syst. Nat., 10. Aufl., 1: 35. – Terra typica: Surinam.

Kennzeichen: Haare lang und weich, am Rücken länger als an der Bauchseite. Färbung individuell sehr stark variierend. Bauch- und Rückenfärbung lassen drei Grundformen erkennen: 1. Alle Körperhaare einheitlich elfenbeinfarben oder gelblich braun. 2. Haare an der Basis dunkelbraun, zur Spitze hin hell, Gesamteindruck elfenbeinfarben oder gelblichbraun, dunkle Haarbasen nur sichtbar, wenn man das Fell teilt. 3. Haare überwiegend dunkelbraun, nur Spitzen weißlich, Gesamteindruck dunkelbraun mit weißlicher Sprenkelung.

Haare an Kehle und Hals einheitlich dunkelbraun, höchstens mit hellen Haarspitzen, Gesamteindruck der Färbung von Kehle und Hals jedoch dunkel. Haare an Wangen und Kehle nicht deutlich kürzer und feiner als an Nacken und Schulter. Im dorsalen Dach des Nasopharynx liegen 1 Paar kleiner und 1 Paar großer Foramina, von denen keines in den Hohlraum des pneumatisierten Pterygoids mündet (Abb. 49); die Foramina sind gelegentlich nur als flache Gruben ausgebildet. Nasopharynx an seiner breitesten Stelle (Abb. 49 rechts, a) doppelt so breit wie oder breiter als an seiner schmalsten Stelle (b). Pterygoid stärker aufgebläht als bei *Ch. hoffmanni*, seine größte Breite beträgt mehr als 14 mm (159).

Maße: KRL 600–850; S 14–33; HF 110–170 (einschließlich Krallen); O 20–35; CNL 98,3–119,8; Gew. 4,0–8,5 kg (62, 159).

Chromosomen: 2n = 53–64. Maximal 7 ungepaarte Chromosomen (B-Chromosomen). Weibliche Geschlechtschromosomen XX oder XO (64).

Verbreitung: Abb. 50. Nördliches Südamerika, nach S bis zum Amazonas/Solimões.

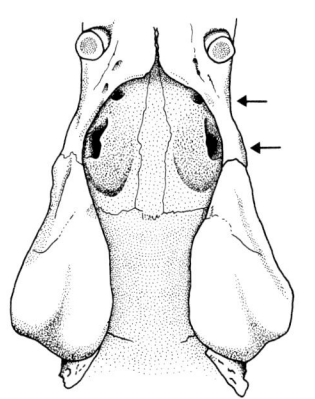
Ch. didactylus

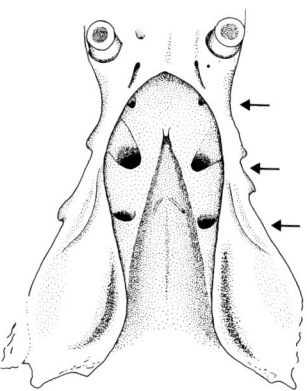
Ch. hoffmanni

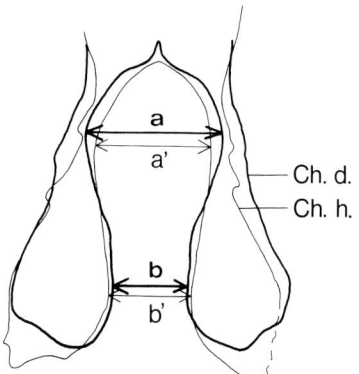
Ch. d.
Ch. h.

Abb. 49. Blick von ventral in den Nasopharynx von *Choloepus didactylus* (ZSM 1910/218, vgl. Abb. 47) und *Ch. hoffmanni* (SMF 3207, Pozuzo, Peru). Pfeile weisen auf die Foramina im Nasopharynx hin. Ganz rechts: Umrisse der Pterygoidregion beider Arten übereinandergezeichnet, Näheres im Text.

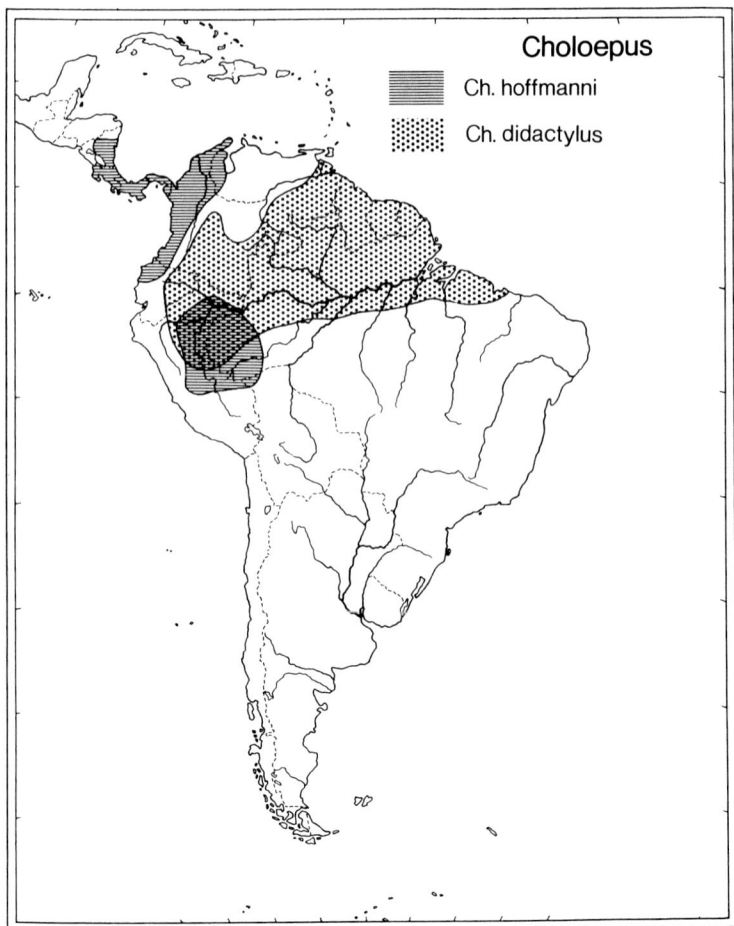

Abb. 50. Verbreitung von *Choloepus hoffmanni* und *Ch. didactylus*. Nach HALL 1981, WETZEL 1982.

Choloepus hoffmanni PETERS 1859
 Hoffmann-Zweifinger-Faultier Abb. 49 (Nasopharynx), Abb. 50 (Verbreitung)

1859 *Choloepus hoffmanni* PETERS, M.ber. preuss. Akad. Wiss. Berlin, **1859**: 128. – <u>Terra typica</u>: Costa Rica, Heredia, Volcán Barba (162).

Kennzeichen: Fell ähnlich voriger Art gefärbt, individuell stark variierend. Im Gegensatz zu *Ch. didactylus* sind Stirn, Wangen, Kehle und Hals einheitlich hellbraun oder goldgelb gefärbt; an der Unterseite ist die helle Kehlfärbung durch einen dunkelbraunen Halsring begrenzt. Haare an Kehle und Wangen kürzer und feiner als an Nacken und Schulter. Bei manchen Individuen schimmert das gesamte Fell grünlich, verursacht durch symbiontische oder kommensale Algen in den Haaren (s. Familienkennzeichen). Im Nasopharynx liegen 1 Paar kleiner und 2 Paar großer Foramina, von denen das hinterste in den Binnenraum des pneumatisierten Pterygoids mündet (Abb. 49). Nasopharynx an seiner breitesten Stelle (Abb. 49 rechts, a') weniger als doppelt so breit als an seiner schmalsten Stelle (b'). Pterygoid weniger stark aufgebläht als bei voriger Art; seine größte Breite beträgt maximal 13,5 mm (159).

Maße: GL 540–720; S 14–30; HF 100–150 (einschließlich Krallen); O 20–37; CNL 97,8–116,5; Gew. 4,5–6,7 kg (53, 159).

Chromosomen: $2n = 49 - 51$. Maximal 5 ungepaarte Chromosomen (B-Chromosomen). Vermutlich hat das X-Chromosom der Weibchen keinen homologen Partner (XO-Konstitution [64]).

Verbreitung (Abb. 50): Mittelamerika von Nicaragua (nach WETZEL [158] ganz Nicaragua, nach HALL [45] nur im südöstlichen Teil Nicaraguas) nach S bis Ecuador, Kolumbien und Venezuela westlich der östlichen Andenkordillere. Östlich der Anden in Peru, Bolivien und W-Brasilien.

Unterordnung **Vermilingua**
Ameisenfresser

Kennzeichen: Insectivore, völlig zahnlose Xenarthra ohne Dermalverknöcherungen. Schnauze zylindrisch mit sehr kleiner Mundöffnung. Zunge wurmförmig verlängert, weit vorstreckbar (bei *Myrmecophaga tridactyla* bis 50 cm), dient als Fangapparat, der Insektenbeute in die Mundspalte befördert. Zungenoberfläche mit zahlreichen kleinen Stacheln besetzt, deren Spitze nach rückwärts gerichtet ist (78).

Schwanz ganz oder teilweise behaart, bei *Myrmecophaga* und *Tamandua* mit epidermalen Hornschuppen, die in alternierenden Reihen angeordnet sind. Finger mit sichelförmig gebogenen Krallen, die des 3. Fingers bei allen rezenten Arten der Unterordnung am größten und stärksten. Anus und Geschlechtsöffnung münden nahe beieinander auf einem nackten Hautfeld, dessen Ränder sich sackartig umstülpen lassen und dadurch eine Kloake vortäuschen (112, 154). Klitoris klein, mit Corpora cavernosa; Labia majora gut ausgebildet; Penis sehr kurz, unauffällig, Geschlechter äußerlich schwer zu unterscheiden. Ein Paar bruststämdige Zitzen, bei *Cyclopes* ein weiteres bauchständiges Zitzenpaar.

Schädel langgestreckt keilförmig, Konturen gerundet, Nuchalwülste schwach entwickelt (Abb. 52, 57 und 58). Praemaxillare sehr klein. Kein geschlossener Jochbogen, Jugale rudimentär, Squamosum mit einem kurzen Processus zygomaticus, der den ventral gelegenen Teil des Squamosmus als Fossa mandibularis abgrenzt. Knöcherner Gaumen nach aborad verlängert (s. Beschreibung der Familienkennzeichen). Unterkieferäste schmal, griffelförmig, Symphyse spitz V-förmig, Mandibeloberseite bei *Tamandua* und *Cyclopes* mit Foramina, die KRUMBIEGEL (74) als Alveolenreste deutet.

Postcraniales Skelett mit 7 Halswirbeln, 15 bis 18 Brustwirbeln, 2 Lendenwirbeln, 5 bis 6 Sacralwirbeln und bis zu 36 Schwanzwirbeln. Xenarthrale Gelenkverbindungen an den Lendenwirbeln und den hinteren Brustwirbeln kräftig ausgebildet. Schwanzwirbel mit Hämapophysen. Sternalrippen enden zweiästig und artikulieren mit dem Sternum über zwei Gelenkköpfe: Ein Gelenkkopf artikuliert zwischen zwei benachbarten Sternalsegmenten, der zweite an einem ventralen Fortsatz dieser Sternalsegmente (47, 152). Bei *Tamandua* artikulieren die Rippen des 8. und 9. Wirbels (= 1. und 2. Thorakalwirbel) mit dem Manubrium sterni.

Scapula mit zwei Spinae scapulae und einem Foramen coraco-scapulare. Femur an der Lateralseite mit einer Knochenleiste, in deren Verlauf ein Trochanter tertius angedeutet ist.

In Zusammenhang mit Bau und Funktion der Zunge ist die äußere Zungenmuskulatur stark umgebildet (Abb. 51): Durch Verschmelzung von Musculus sternohyoideus, M. thyreohyoideus und M. hyoglossus entsteht ein M. sternoglossus als Rückzieher der Zunge. Seine Ursprungsstelle am Sternum, bei Säugern ursprünglich am Manubrium, ist nach caudad auf die Innenseite des Processus xiphoideus verlagert (48, 113, 114). Auch der Ursprung des M. sternothyreoideus, der Zungenbein und Zunge zurückzieht, ist nach caudad auf das 7. und 8. Sternumglied und den Processus xiphoideus verlagert, sein craniales Ende inseriert am Schildknorpel des Kehlkopfes. Der Vorzieher der Zunge, M. genioglossus, verbindet die Zunge mit dem vorderen Abschnitt der Mandibel und der Unterkiefersymphyse. Seine flächig ausgebreiteten Fasern, die bei nicht vorgestreckter Zunge in zahlreiche Falten gelegt sind (Abb. 51), umfassen den M. sternoglossus caudal der Zungenbasis in spiralförmigen Ringen (113).

Von den Kaumuskeln sind Musculus temporalis, M. masseter und M. pterygoideus internus in Zusammenhang mit insectivorer Ernährung schwach entwickelt; der M. pterygoideus externus ist jedoch weniger stark reduziert, da er bei Lateralbewegungen der langen Unterkieferäste mitwirkt (78). Musculus mylohyoideus stark entwickelt; er erstreckt sich von der Unterkiefersymphyse bis zum Gaumenhinterrand und zum Zungenbein (Abb. 51). Er setzt mit transversalen Muskelfasern zunächst an der Innenseite der Mandibel, weiter hinten an deren Außenseite an. Im hinteren Gaumenbereich liegen seine Ansatzstellen am Alisphenoid und an den horizontalen Gaumenfortsätzen des Pterygoids, außerdem ziehen Muskelstränge zum Stylohyoid des Zungenbeins und zu den Speicheldrüsen (Musculus constrictor salivaris). Der M. mylohyoideus bildet auf seiner ganzen Länge eine elastische, kräftige Röhre, die die kräftig entwickelte Zunge bei ihren Bewegungen stützt (113).

Speicheldrüsen kräftig entwickelt; sie bilden eine äußerlich einheitliche, hufeisenförmige Drüsenmasse von den Kieferwinkeln über den Hals bis zur Brust (32a; Abb. 51).

Pylorus mit starkem Sphincter; davor bildet die Magenwand Muskelwülste, die das Pylorus-Lumen zu einer schmalen Röhre verengen und als Triturationsorgan dienen (13). Nieren ungelappt, caudalwärts in die Beckenregion verlagert. Hoden in der Bauchhöhle zwischen Blase und Rectum an der dorsalen Rumpfwand. Sinus urogenitalis mündet als Längsspalt an der Rückseite des Präputiums, das durch eine Furche knopfartig vom übrigen Penis abgeschnürt ist. Gl. urethrales fehlend, Gl. vesiculares und Cowpersche Drüsen vorhanden, Gl. prostaticae nur bei *Myrmecophaga* (154). *Myrmecophaga* besitzt im männlichen Geschlecht ein Paar Vaginae masculinae, die sich zu einem Uterus masculinus vereinigen. Am Vereini-

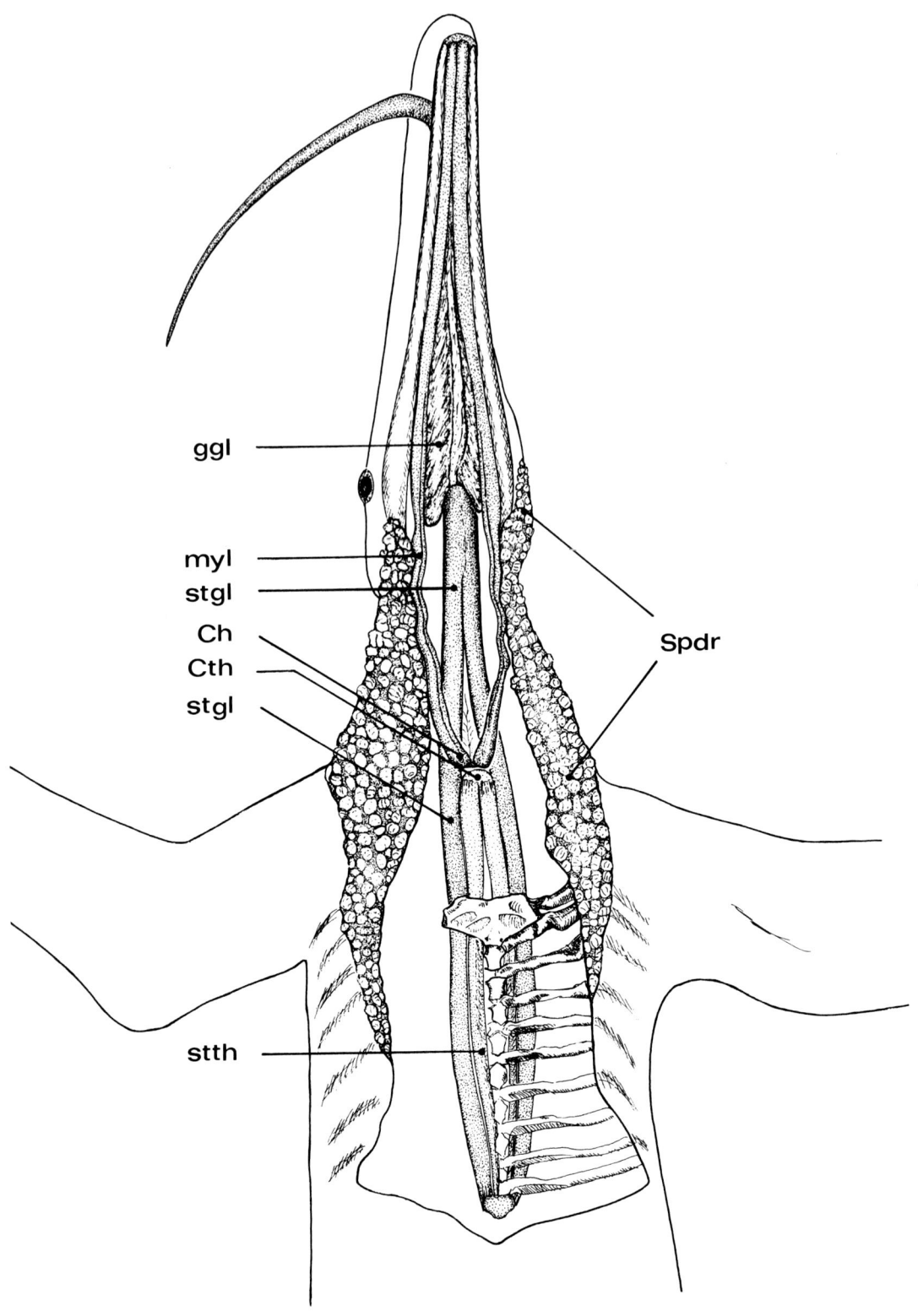

Abb. 51. *Myrmecophaga tridactyla:* Zungenmuskulatur und Speicheldrüsen (juveniles Exemplar, abgehäutet, Thorax geöffnet, Rippen der rechten Körperseite entfernt). Ch = Ansatz des M. mylohyoideus am Corpus hyale; Cth = Cartilago thyreoidea; ggl = M. genioglossus; myl = M. mylohyoideus; Spdr = Speicheldrüsen; stgl = M. sternoglossus; stth = M. sternothyreoideus. Zeichnung: Ruth Kühbandner.

gungspunkt hat jede Vagina masculina eine umfangreiche blasenartige Ausstülpung mit vermutlich sekretorischer Funktion (154).

Distaler Teil der Vagina bei *Myrmecophaga* durch ein Septum in zwei Kanäle geteilt, die getrennt in den Sinus urogenitalis münden (152).

Systematik: Rezent: 3 Gattungen, 4 Arten. Der Zwerg-Ameisenbär *Cyclopes didactylus* unterscheidet sich in verschiedenen Merkmalen (Fehlen tympanaler Nebenhöhlen, Ausbildung des knöchernen Gaumens, Verlauf der Arteria carotis interna) von den übrigen fossilen und rezenten Ar-

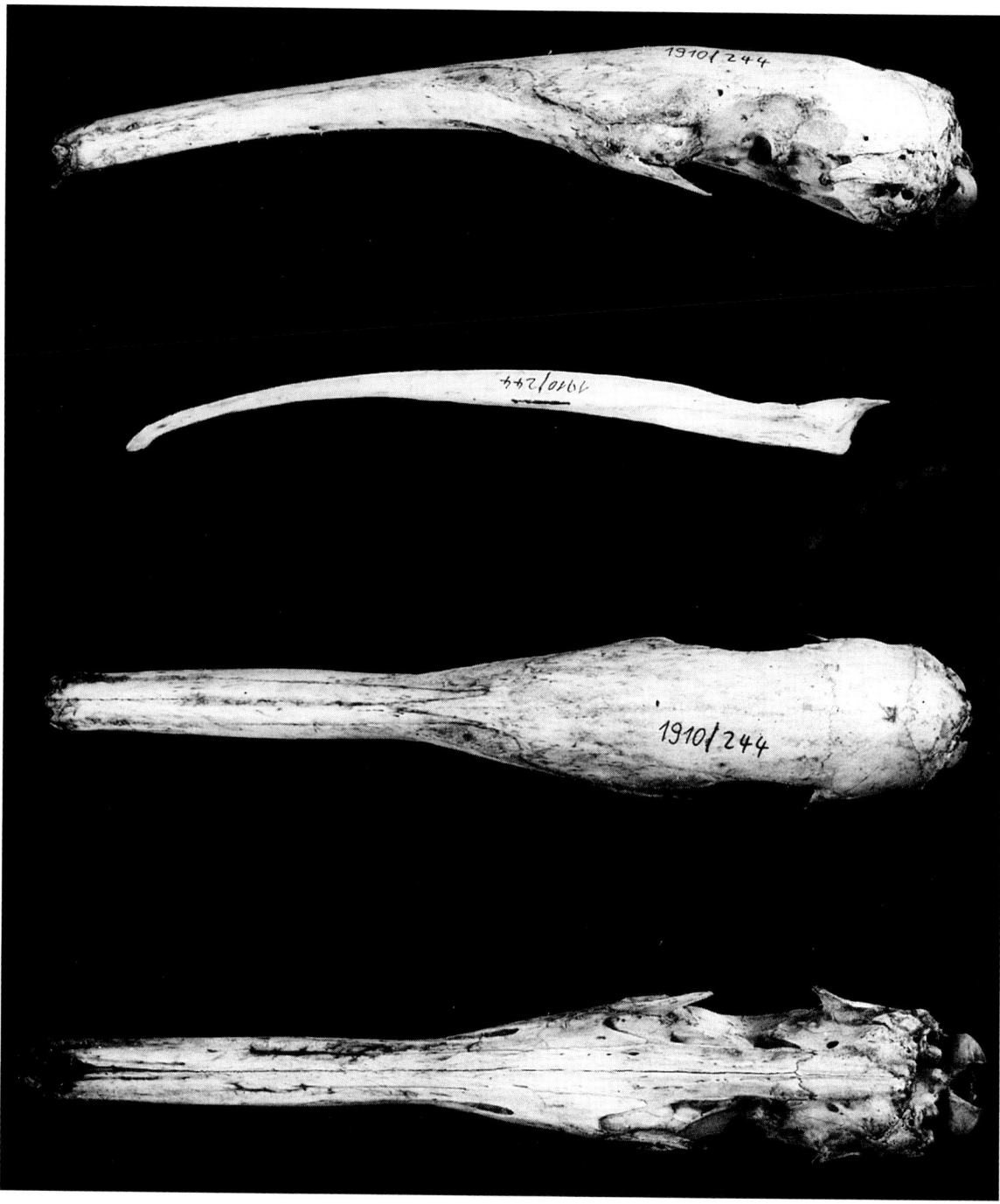

Abb. 52. *Myrmecophaga tridactyla:* Schädel. ZSM 1910/244, Lago Arary, Insel Marajo, Brasilien.

ten der Unterordnung. POCOCK (112), HIRSCHFELD (56) und andere, zuletzt STORCH & HABERSETZER (137), trennen ihn deshalb als Vertreter einer eigenen Familie (Cyclothuridae GILL 1872 = Cyclopedidae HIRSCHFELD 1976) von den Myrmecophagidae (mit *Myrmecophaga* und *Tamandua*) ab. Nach STORCH & HABERSETZER steht *Palaeomyrmidon* aus dem mittleren Pliozän aufgrund von Ähnlichkeiten in der Tympanalregion (keine rostrale Erweiterung des Cavum tympani) in der näheren Verwandtschaft von *Cyclopes* und ist ebenfalls der Familie Cyclothuridae zuzurechnen. Die Klassifizierung in zwei Familien steht im Einklang mit den Unterschieden in den Serumeigenschaften der rezenten Arten: Nach dem Cladogramm, das SARICH (123) aufgrund unterschiedlicher Immunreaktionen der Serumalbumine aufstellt, hat sich *Cyclopes* vor mehr als 40 Millionen Jahren von der Linie abgespalten, die zu *Myrmecophaga* und *Tamandua* führt. Die rezenten Gattungen *Myrmecophaga* und *Tamandua* dagegen haben sich erst vor etwa 20 Millionen Jahren (123) getrennt. STORCH & HABERSETZER (137) setzen die basale Dichotomie innerhalb der Vermilingua, die zu den beiden Familien führt, sogar noch früher an, nämlich in der Kreidezeit, also deutlich vor dem Auftreten von *Eurotamandua* (vgl. S. 13) aus dem mittleren Eozän (137).

Familie **Myrmecophagidae**
Große Ameisenbären und Tamanduas

Kennzeichen: Rostralteil des Schädels stark verlängert (Abb. 52 und 57). Orbitotemporal-Grube seicht; Frontalia bilden keine Supraorbitalleisten. Horizontale Gaumenfortsätze der Pterygoide vereinigen sich median und bilden den hinteren Abschnitt des knöchernen Gaumens (Abb. 53). Dadurch entsteht ein sehr langer Nasopharynx; die Choanen sind weit nach hinten in die Nähe des Foramen magnum occipitale verschoben. Die extreme Verlängerung des knöchernen Gaumens steht in Zusammenhang mit der myrmecophagen Ernährungsweise: Insektennahrung gelangt durch aktiven Zungenschlag der durch Speichel feuchten Zunge in die Mundhöhle, unterstützt durch die rückwärts gerichteten Papillen auf der Zungenoberfläche. BARTMANN (zitiert nach MOELLER 1988) zählte beim Großen Ameisenbären bis zu 160 Zungenschläge pro Minute. Der verlängerte Gaumen schließt die enge Röhre, in der die Zunge gleitet, nach dorsal ab und stellt ein Widerlager dar für die Wangenfalte, die beim Herausstrecken der Zunge weit nach medial gepreßt wird (78, 137). Dabei kämmen caudad gerichtete Papillen der Wangenschleimhaut die Insektenbeute ab (78). Außerdem verhindert der verlängerte Gaumen, daß aufgenommene Ameisen und Termiten von innen her in die Nasenhöhlen eindringen (137).

Eine blasenförmige Bulla tympanica, zum größten Teil vom Ectotympanicum gebildet, begrenzt eine geräumige Paukenhöhle (Abb. 53). Die hintere Wand der Paukenhöhle ist außerdem von Entotympanicum, Petrosum und dem Processus tympanicus des Basioccipitale begrenzt. Das Entotympanicum liegt als kleiner Knochen zwischen Petrosum, Exoccipitale und Hinterrand der Bulla tympanica und begrenzt die Vorderwand der Grube, die in das Foramen jugulare führt (52, 137). Tympanohyale vorhanden, aber klein, mit umgebenden Knochen (Petrosum, Exoccipitale, Entotympanicum und Tympanicum) verschmolzen; seine Lage ist beim adulten Tier schwer festzulegen.

Pterygoid und Alisphenoid zu einem blasenartig aufgetriebenen Pterygo-Alisphenoid verschmolzen (52); es bildet eine akzessorische Bulla tympanica, die sich am harten Gaumen vor dem Ectotympanicum als flache Beule vorwölbt (Abb. 52, 53 und 57). Sie umschließt eine Nebenhöhle, die mit dem Cavum tympani in Verbindung steht. Durch die Vergrößerung des Tympanalraumes mittels akzessorischer Bulla werden Schall-

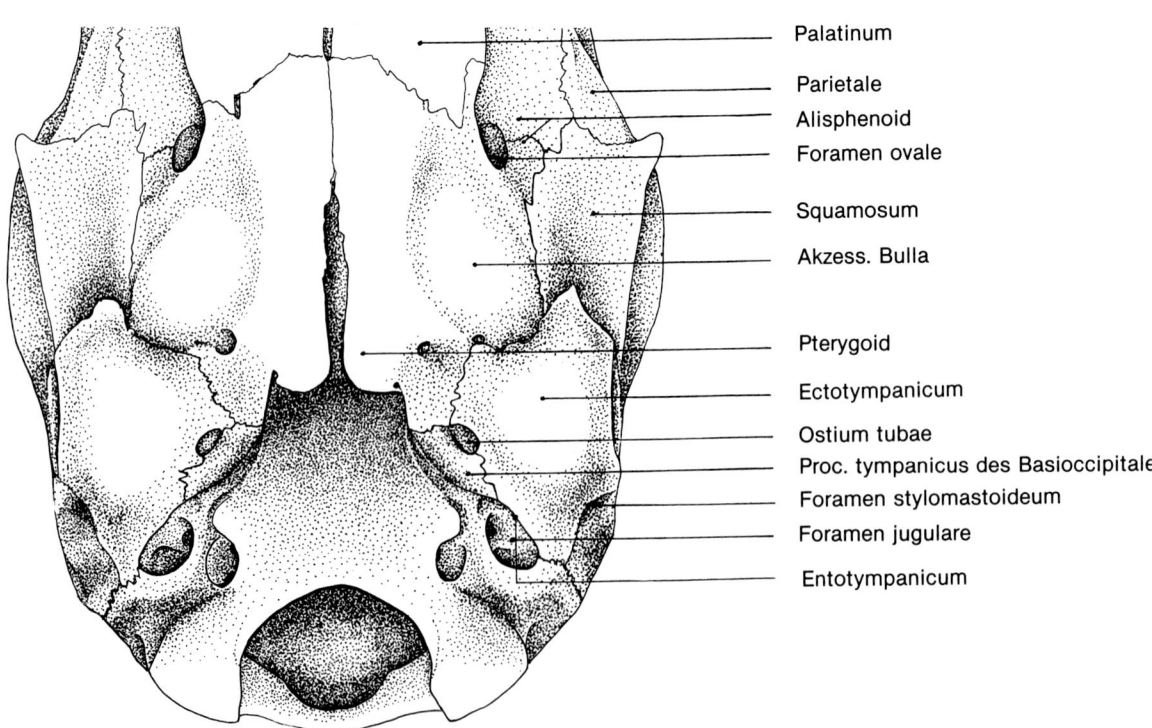

Abb. 53. *Tamandua tetradactyla*: Schädelbasis in Ansicht von ventral. Aus STORCH & HABERSETZER 1991.

wellen tiefer Frequenzen möglicherweise verstärkt (137). Bei *Tamandua* liegt eine zweite blasenförmige Auftreibung des Palatinums an der Grenze zum Praesphenoid, die ebenfalls einen pneumatischen Hohlraum enthält; er steht jedoch in keiner Verbindung zum Mittelohr (137). Processus coronoideus des Unterkiefers nur angedeutet.

Winzige Knochen im Bereich der vorderen Nasenöffnung, die WEGNER (153a) mit den Ossa narialia der Gürteltiere homologisiert, als Variation, nicht konstant, bei der Gattung *Tamandua* (vgl. Fußnote S. 15).

Clavicula bis auf geringe, nicht mehr funktionsfähige Reste rückgebildet.

Arteria carotis interna tritt durch das Foramen caroticum (zwischen Bulla tympanica und Condylus occipitalis) in das Cavum tympani und durchzieht dieses in einer horizontalen Rinne des Petrosums, bevor sie durch eine Öffnung zwischen Basisphenoid und Pterygo-Alisphenoid in das Cavum cranii zieht (52).

Verbreitung: Mexiko bis Südamerika.

Lebensweise: *Myrmecophaga* hält sich nur auf dem Boden auf, *Tamandua* klettert auch, jedoch nicht so geschickt wie der Zwerg-Ameisenbär *Cyclopes didactylus*; er bevorzugt horizontal stehende Äste. Die Evolution führte vermutlich von baumbewohnenden zu bodenbewohnenden Formen; Jungtiere von *Myrmecophaga* versuchen noch, an Gegenständen senkrecht in die Höhe zu klettern (9, 72, 125).

Die hauptsächliche Nahrung besteht aus Ameisen und Termiten, Tagesbedarf bei *Myrmecophaga tridactyla* etwa 35.000 Insekten (95). Während die beiden *Tamandua*-Arten beim Nahrungserwerb Termitennester mit den Krallen der Vorderextremitäten aufreißen und teilweise zerstören, scheint dies bei *Myrmecophaga* nur selten vorzukommen (140). Beim Großen Ameisenbären spielen die Vorderextremitäten in Zusammenhang mit dem Nahrungserwerb eine geringe Rolle, allenfalls werden die Nester bodenlebender Ameisen damit ausgegraben, ansonsten dienen die Krallen in erster Linie der Verteidigung gegen Feinde.

Gattung ***Myrmecophaga*** LINNAEUS 1758
Syst. Nat., 10. Aufl., **1** : 35

Myrmecophaga tridactyla LINNAEUS 1758
Großer Ameisenbär Abb. 51 (Zungenmuskulatur), Abb. 52 (Schädel), Abb. 54 (Verbreitung)

1758 *Myrmecophaga tridactyla* LINNAEUS, Syst. Nat., 10. Aufl., **1** : 35. – Terra typica: Pernambuco (= Recife), NO-Brasilien.

1766 *Myrmecophaga jubata* LINNAEUS, Syst. Nat., 12. Aufl., **1** : 52. – Terra typica: Brasilien.

Kennzeichen: Haare grob und borstig, Grundfärbung dunkel graubraun oder schwärzlich, Einzelhaare schwarz und hellgrau gebändert. Ein schwarzer, keilförmiger Streifen mit weißer Umrandung verläuft beiderseits von der Kehle über die Schulter schräg nach oben und hinten. Schwanz lang, buschig behaart, einzelne Schwanzhaare bis 285 mm lang. Kopf gelblich weiß, spärlich behaart. Vorderextremität gelblich weiß, Finger und Handgelenke schwarz. Färbung wenig variierend, im gesamten Verbreitungsgebiet sehr einheitlich. Hand mit 4 Fingern und Krallen; Daumen äußerlich nicht zu erkennen, 3. Finger und Kralle am größten, 5. klein und unauffällig. Hinterfüße mit 5 gleichgroßen Zehen. Die Hände setzen beim Laufen mit der lateralen Außenkante auf, die durch eine verknöcherte Schwiele geschützt ist; die Krallen sind beim Laufen nach innen gerichtet. Der Fuß setzt mit ganzer Sohle auf. Schnauze röhrenförmig verlängert; Länge des Rostrums (Abstand Foramina lacrimalia bis Vorderrand der Nasalia) beträgt 65 % der gesamten Schädellänge (159).

Maße: KRL 1100–1300; S 650–900; HF 135–195; O 35–55; CNL 313–409; Gew. 22–55 kg.

Chromosomen: $2n = 60$, X-Chromosom metazentrisch, Y-Chromosom submetazentrisch (64).

Verbreitung: Abb. 54. Von O-Guatemala und südlichem British-Honduras (= Belize) bis N-Argentinien, S-Brasilien und Uruguay. Westlich der Anden bis NW-Ecuador.

Lebensraum: Waldgebiete (immergrüne und laubabwerfende Wälder) und Savannen, semiaride Dornbuschsteppe und Parklandschaften (62, 70).

Gattung ***Tamanda*** GRAY 1825
Ann. Philos., London, **10** : 343

Kennzeichen: Vorderfüße mit 3 großen und 1 kleinen, aber deutlich sichtbaren Kralle, Handinnenfläche mit einer großen, verdickten Schwiele. Hinterfüße mit 5 annähernd gleichgroßen Zehen und Krallen, nur die 1. (innerste) Zehe ist etwas kleiner und zurückgesetzt. Haarkleid dicht und kurz, Schwanzhaare nicht auffallend lang; Schwanz an der Spitze sowie an seiner gesamten Unterseite nackt, greiffähig. Bei manchen Individuen von *T. tetradactyla* ist der Schwanz nur an seiner Basis buschig behaart und über 3/4 seiner Länge nackt (128). Schwanz über den größten Teil seiner Länge mit regelmäßig angeordneten, hellen oder pigmentierten Hautschuppen. Rostrum des

Abb. 54. Verbreitung von *Myrmecophaga tridactyla*. Nach HALL 1981, WETZEL 1982.

Schädels röhrenförmig ausgezogen (Abb. 53), jedoch nicht so lang wie bei *Myrmecophaga*, Rostrumlänge beträgt durchschnittlich 43% der Gesamtschädellänge (159). Seitliche Gaumenkanten im Bereich des Pterygoids und des Palatinums mit 2 Paar blasenartigen Aufwölbungen (Abb. 57).

Tamandua mexicana (SAUSSURE 1860)
    Nördlicher Tamandua Abb. 55 (Schädel), Abb. 56 (Verbreitung)

1860 *Myrmecophaga tamandua* var. *mexicana* Saussure, Rev. Mag. Zool., Paris, (2) **12**: 9. – Terra typica: Mexico, Tabasco.

Kennzeichen: Stets mit dunkler Zeichnung („vested"): Von schwarzen Schulterstreifen ausgehend, erweitert sich die schwarze Fläche hinter den Schultern und umfaßt den ganzen Rumpf bis zur Hüftgegend wie eine ärmellose Weste. Rest des Rumpfes, Schwanzbasis und Schwanz einfarbig gelbbraun oder goldfarben. Vom Nacken aus erstreckt sich die helle Zeichnung keilförmig bis ins hintere Körperdrittel. Nacktes Schwanzende unregelmäßig schwarz und gelblich getupft, mit Hautschuppen.

Schädel etwas schlanker als bei *T. tetradactyla*, Variationsbreiten überlappen sich jedoch. Sphenoidregion meist mit 4 Öffnungen auf jeder Seite oder zumindest auf einer Seite (Abb. 55); Foramen opticum, Fissura orbitalis superior (= Foramen lacerum anterius), Foramen rotundum und Foramen ovale. Hinterrand des Maxillare am aboralen Zugang zum Canalis infraorbitalis auf gleicher Höhe endigend (Abb. 55 oben links). Palatinum weniger weit zur Schnauzenspitze reichend als bei *T. tetradactyla*, Abstand vom vordersten Punkt des Palatinums bis zum Vorderrand des Lacrimale weniger als der halbe Abstand zwischen Vorderrand des Foramen lacrimale und Vorderrand des Lacrimale. Jugale schlank, seine Höhe beträgt 31% oder weniger seiner größten Länge (156). – 40 bis 42 Schwanzwirbel.

Maße: KRL 520–625; S 400–675; HF 80–110; O 37–51; CNL 115–139; Gew. 3,2–5,4 kg.

Chromosomen: 2n = 54. 52 metazentrische oder submetazentrische Autosomen, X-Chromosom submetazentrisch (HSU & BENIRSCHKE [61] für 1 Weibchen aus Chiapas, Mexico, bezeichnet als „*T. tetradactyla*").

Verbreitung: Abb. 56. Von S-Mexiko (Tamaulipas, San Luis Potosí, Veracruz, Oaxaca und Guerrero) durch ganz Mittelamerika bis Südamerika,

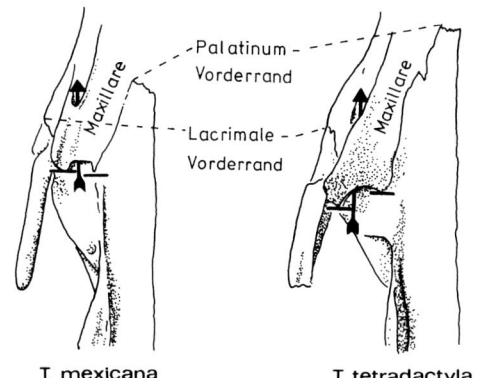
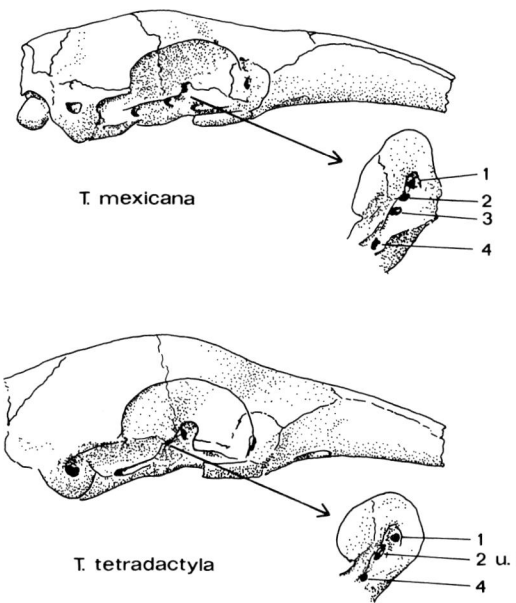

Abb. 55. Schädelmerkmale zur Unterscheidung von *Tamandua mexicana* und *T. tetradactyla*. Nach WETZEL 1975, verändert. Die dicken Pfeile in den oberen Abbildungen markieren den Verlauf des Canalis infraorbitalis. 1 = Foramen opticum, 2 = Fissura orbitalis superior (Foramen lacerum anterius), 3 = Foramen rotundum, 4 = Foramen ovale.

westlich der Anden (NW-Kolumbien, NW-Venezuela, W-Ecuador und NW-Peru). Gemeinsame Verbreitungsgrenze mit *T. tetradactyla* in Ecuador und Venezuela entlang der östlichen Andenkordillere (156).

Lebensraum: Sehr anpassungsfähig: Tiefland- und Bergregenwälder, Llanos, Trockenwälder, Parklandschaften und Savannen (70, 158). Nahrungsaufnahme sowohl am Boden als auch auf Bäumen.

Abb. 56. Verbreitung von *Tamandua mexicana* und *T. tetradactyla*. Nach WETZEL 1975.

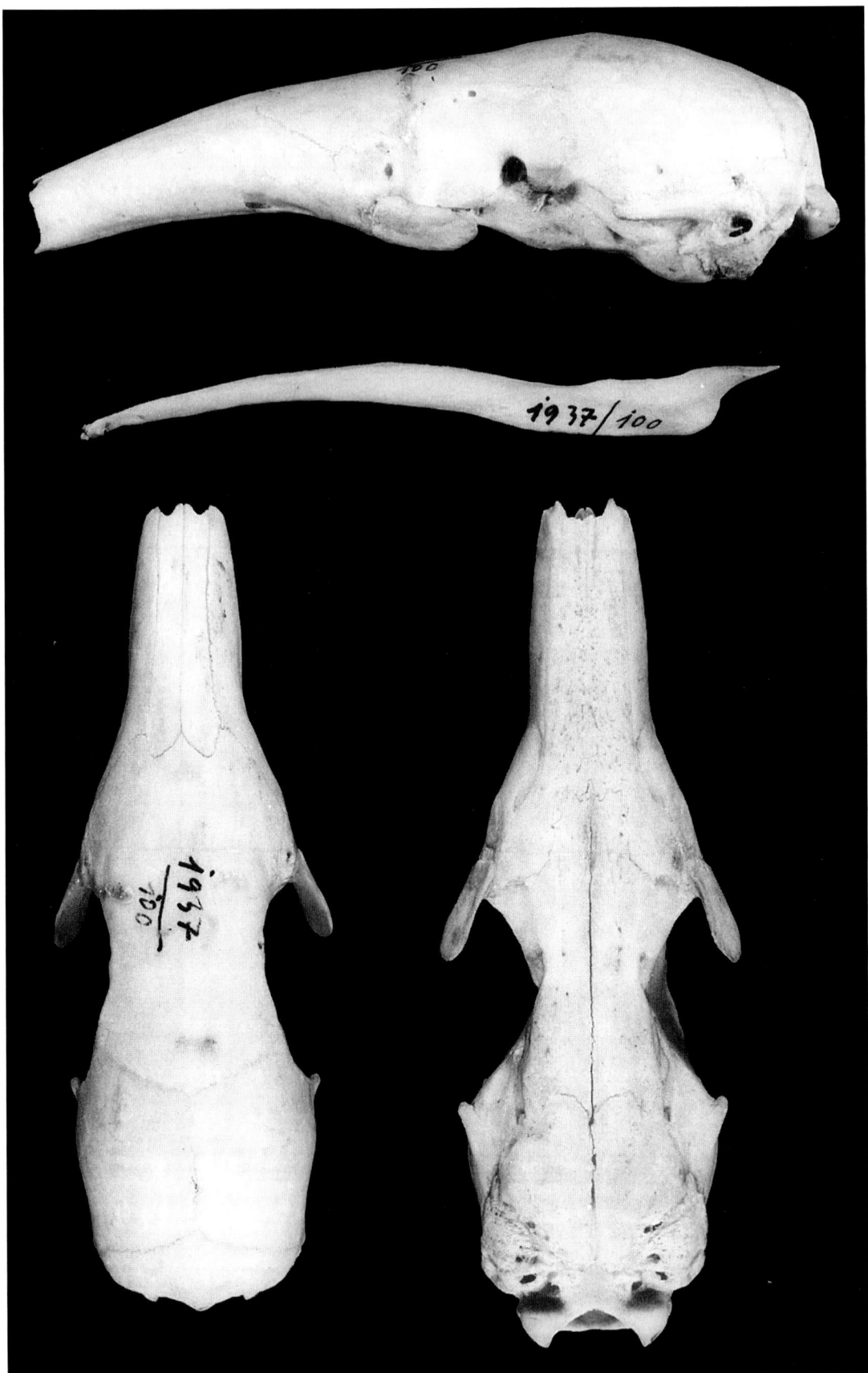

Abb. 57. *Tamandua tetradactyla:* Schädel. ZSM 1937/100. Villavicencio, Kolumbien.

Tamandua tetradactyla (LINNAEUS 1758)
Südlicher Tamandua Abb. 53 (Schädelbasis), Abb. 55 (Schädel), Abb. 56 (Verbreitung), Abb. 57 (Schädel)

1758 *Myrmecophaga tetradactyla* LINNAEUS, Syst. Nat., 10. Aufl., 1 : 35. – Terra typica: Pernambuco, Brasilien.
1844 *Myrmecophaga longicaudata* WAGNER, Schrebers Säug. Suppl., 4 : 211. – Terra typica: Surinam (CABRERA 1958, S. 203).

Kennzeichen: Färbung geographisch stark variierend: Tiere mit schwarzer Rumpfzeichnung wie bei *T. mexicana* („vested") nur im SO des Verbreitungsgebietes, wobei sich die Schwarzfärbung auch auf die Schwanzbasis und die Oberschenkel der Hinterläufe ausdehnen kann (74, 167). Im NW nur einfarbig goldgelbe oder hellbraune Tiere. Dazwischen an verschiedenen Orten graduelle Übergänge mit Formen, bei denen die Rumpfzeichnung aufgehellt oder nur teilweise vorhanden ist, etwa als Schulterstreifen. Melanistische Tiere an den östlichen Andenausläufern in Peru und Ecuador, von dort nach O entlang des Amazonas bis Amapá und Französisch Guayana. Bei manchen Exemplaren der einfarbig hellen Form sind bei seitlich einfallendem Licht Spuren einer Rumpfzeichnung oder Schulterstreifen andeutungsweise zu erkennen (128). Schwanzschuppen unregelmäßig pigmentiert; dunkle Flecken auf hellem Grund bilden dunklen Aalstrich oder deutliche Querringelung (74, 128).

Im NW, an der Grenze zu *T. mexicana*, meist nur 3 Foramina in der Sphenoidregion der Orbita: Fissura orbitalis und Foramen rotundum verschmolzen oder durch ein tiefliegendes Septum getrennt (Abb. 55). Im Amazonasbecken und in SO-Brasilien jedoch nur bei 50–60% aller Tiere, sonst mit 4 Foramina wie *T. mexicana*. Maxillare am aboralen Zugang zum Canalis infraorbitalis weiter nach caudad reichend als am Innenrand (Abb. 55 oben rechts). Palatina reichen weiter nach vorn als bei *T. mexicana*: Abstand zwischen Vorderrand der Palatina und Vorderrand der Lacrimalia ebenso groß wie oder größer als die Hälfte der Strecke zwischen Vorderrand des Foramen lacrimale und Vorderrand des Lacrimale. Jugale breit, seine größte Höhe beträgt mindestens 31 % seiner größten Länge (156). – 31 bis 39 Schwanzwirbel.

Maße: KRL 460–675; S 400–675; HF 80–118; O 41–58; CNL 106–142; Gew. 3,42–7,0 kg.

Chromosomen: 2n = 54; alle Autosomen metazentrisch (65).

Verbreitung (Abb. 56): Südamerika östlich der Anden. Von Venezuela nach S bis N-Argentinien und N-Uruguay (156).

Lebensraum: wie *T. mexicana*

Systematik: Aufgrund der großen Zeichnungs- und Färbungsvariation sind zahlreiche Unterarten beschrieben, deren Status teilweise ungeklärt ist. Gut charakterisiert sind: *T. t. tetradactyla* (LINNAEUS): Schwarze Rumpfzeichnung stets vorhanden. Verbreitung: Ostbrasilianisches Bergland, möglicherweise ganz Nord- und Zentralbrasilien (74, 158). – *T. tetradactyla longicaudata* (WAGNER 1844): Einfarbig gelb oder hellbraun, schwarze Rumpfzeichnung fehlt oder ist nur andeutungsweise erkennbar (62, 128). Verbreitung: S-Venezuela, British Guayana, Surinam, Trinidad, N-Brasilien, O-Kolumbien, Ecuador und Peru. Im Amazonasbecken Intergradation mit der Nominatform (158). – WETZEL (158) erkennt folgende weitere Unterarten als valid an: *T. tetradactyla straminea* (COPE 1889); Mato Grosso. *T. tetradactyla quichua* THOMAS 1927; Peru östlich der Anden und möglicherweise angrenzende Teile von Bolivien und Brasilien (19).

Familie **Cyclothuridae**
Zwerg-Ameisenbären

Kennzeichen: Schnauze und Nasenhöhle verhältnismäßig kürzer als bei Myrmecophagidae, Hirnschädel stärker gerundet, Orbitotemporalgrube tiefer, dorsal durch Supraorbitalleisten der Frontalia begrenzt (Abb. 58). Pterygoide sehr lang, bilden horizontale Gaumenplatten aus, die sich im Gegensatz zu *Myrmecophaga* und *Tamandua* median nicht berühren, sondern eine Rinne freilassen, die dorsal von Basioccipitale, Basisphenoid und Praesphenoid begrenzt wird (Abb. 58). Ventral ist diese Rinne von einer bindegewebigen Membran verschlossen, die die Choane weit nach aborad verlagert.

Schädel mit blasenförmiger Bulla tympanica, überwiegend vom unten und hinten stark verbreiterten Ectotympanicum gebildet. Die Rückwand der Bulla tympanica bilden außerdem das Petrosum, Tympanohyale und Entotympanicum, ihre Vorderwand das Pterygoid, Alisphenoid und Squamosum. Im Gegensatz zu Myrmecophagidae beteiligt sich das Basioccipitale nicht an der Begrenzung der Paukenhöhle; statt dessen bilden die horizontalen Fortsätze des Pterygoids die ventrale Begrenzung des Cavum tympani. Keine akzessorische Bulla tympanica. Unterkiefer mit ausgeprägtem Processus coronoideus.

Metacarpale III extrem verbreitert, seitlich Fingerstrahlen stark reduziert, Trapezoid, Capitatum und Hamatum miteinander verschmolzen (152).

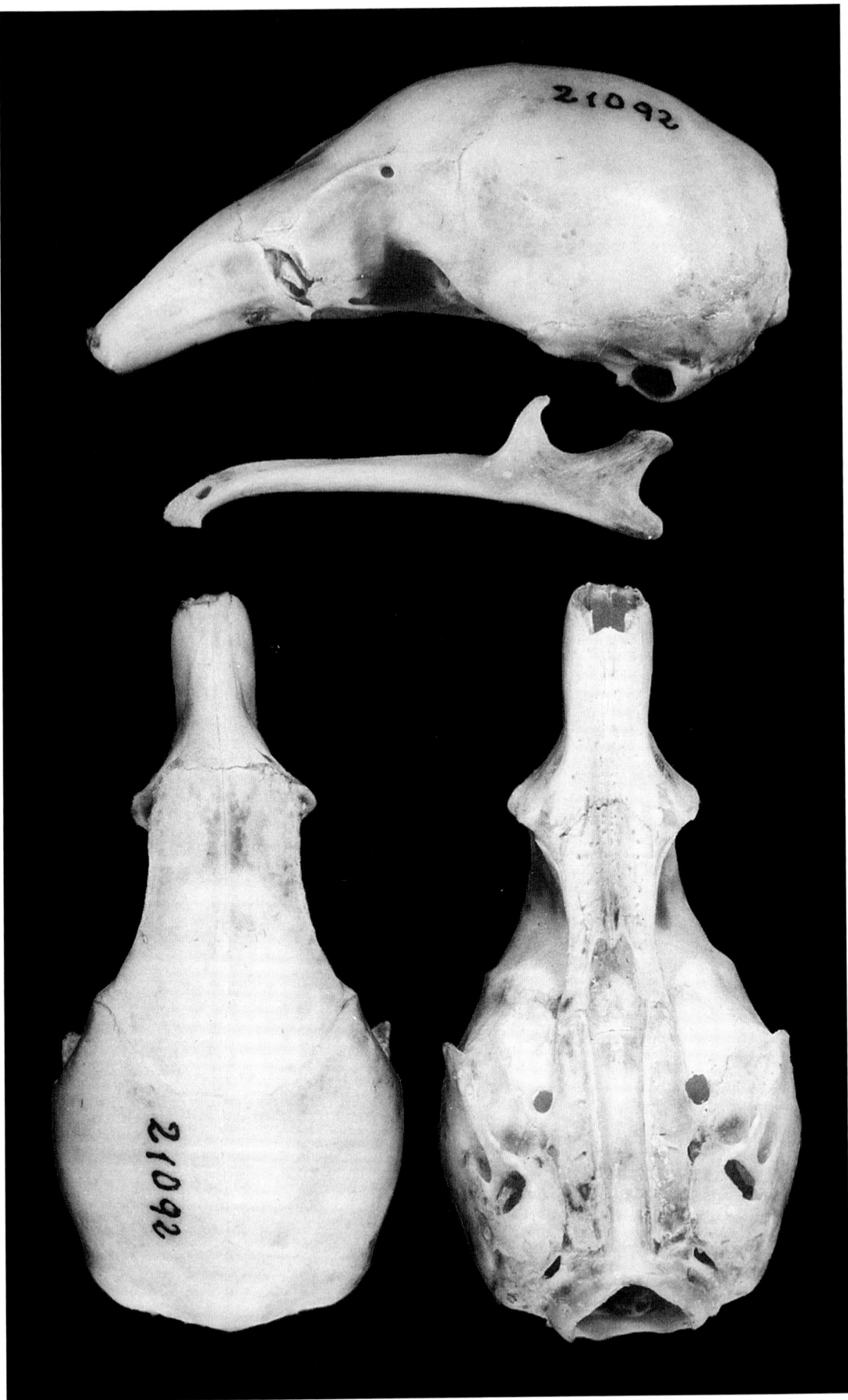

Abb. 58. *Cyclopes didactylus:* Schädel. SMF 21092. Ecuador.

– Clavicula vorhanden, das Brustbein erreichend, aber zart gebaut. Rippen stark verbreitert, so daß jede Rippe den Vorderrand der nachfolgenden dachziegelartig überdeckt. Ischium nicht mit der Wirbelsäule verbunden (einziger Fall unter der rezenten Xenarthren); Incisura sacroischiadica an der schmalsten Stelle etwa 1 mm breit.

Arteria carotis interna durchzieht das Cavum tympani nicht, sondern verläuft unterhalb der Paukenhöhle durch einen horizontalen Kanal, der von Petrosum, Pterygoid und Basisphenoid begrenzt wird, vom Foramen caroticum rostrad in das Cavum cranii (52).

Lebensweise: Der rezente Zwerg-Ameisenbär ist ausschließlich ein Baumbewohner und klettert geschickt. Hauptsächliche Nahrung besteht fast ausschließlich aus baumbewohnenden Ameisen (97, 98). Krallen der Vorderextremität dienen dazu, Schlitze in kleinere Zweige zu reißen und sie auseinander zu spreizen, um Ameisen, die im Inneren der Zweige leben, herauszulecken (140).

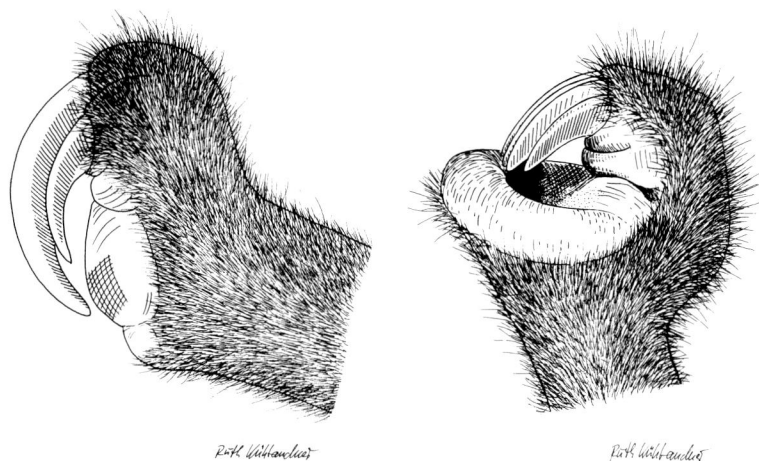

Abb. 59. *Cyclopes didactylus:* rechte Hand (links) und rechter Fuß (rechts) in Ansicht von medial. Zeichnung: Ruth Kühbandner.

Abb. 60: Verbreitung von *Cyclopes didactylus*. Nach HALL 1981, WETZEL 1982, 1985a.

Gattung *Cyclopes* GRAY 1821
London Med. Repos., **15** : 305.

Cyclopes didactylus (LINNAEUS 1758)
Zwerg-Ameisenbär Abb. 58 (Schädel), Abb. 59 (Hand und Fuß), Abb. 60 (Verbreitung)

1758 *Myrmecophaga didactyla* LINNAEUS, Syst. Nat., 10. Aufl., **1** : 35. – Terra typica: Surinam.

Kennzeichen: Etwa eichhörnchengroß. Dicht und lang behaart, Einzelhaar etwa 15 mm lang. Fell seidig weich. Färbung leuchtend goldgelb, gelblich-grau oder silbergrau, mit schwärzlichem oder schokoladebraunem Längsstreifen in Rückenmitte. Dunkelste Tiere im Amazonasbecken, dort Rückenstreifen oft fehlend (158, 159). Schwanz dicht behaart, nur seine äußerste Spitze und etwa 2/5 seiner distalen Unterseite sind nackt. Schwanz greiffähig, wird beim Klettern um Äste gewickelt. Ohren klein, im dichten Fell verborgen. Schnauze nicht so lang wie bei den übrigen Gattungen der Familie. Hand mit 2 Krallen (II und III), wovon die äußere größer und stärker ist als die innere. Kissenförmige, große Schwiele an der Palmarfläche der Hand, die vom verlängerten Os pisiforme gestützt wird und als Widerlager für die Krallen dient (Abb. 59 links). Zwischen Krallen und Schwiele lassen sich Zweige mit geringem Durchmesser fest einklemmen, so daß sich der Zwerg-Ameisenbär insbesondere an der Peripherie von Baumkronen sicher fortbewegen kann (140). Fuß mit 4 syndactylen Zehen (II–V) und 4 etwa gleichgroßen Krallen. An der dorsalen Fußseite liegt ein großes verhorntes Sohlenpolster, das in seinem mittleren Bereich konkav eingedellt ist und am Sprunggelenk in einer verdickten Schwiele endet, die transversal zur Längsachse des Fußes verläuft (Abb. 59 rechts). Wie bei der Hand bildet auch hier die Schwiele ein Widerlager für die Zehen beim Umklammern von Zweigen. Eine knöcherne Stütze erhält das Sohlenpolster des Fußes durch die Tuberositas calcanei sowie ein stabförmiges tibiales Sesambein, das gelenkig mit den Tarsilia verbunden ist (11).

Maße: KRL 200–250; S 165–295; HF 30–50; O 10–18; CNL 47,6–53,3; Gew. 175–375 g.

Verbreitung: Abb. 60. S-Mexiko von SO-Veracruz und NO-Oaxaca bis Südamerika. Westlich der Anden möglicherweise bis NW-Peru, östlich der Anden nach S bis Bolivien und zentrales Brasilien.

Lebensraum: Nur in zusammenhängenden Waldgebieten, da ausschließlich arboricol.

Literatur

1. AIELLO, A. (1985): Sloth Hair: Unanswered Questions. In: The Evolution and Ecology of Armadillos, Sloths, and Vermilinguas (G. G. MONTGOMERY, ed.). – Smithsonian Institution Press, Washington and London. pp. 213–218.
2. ALLEN, J. A. (1904): The Tamandua Anteaters. – Bull. amer. Mus. nat. Hist., 20: 385–398.
3. ALMEIDA, A. V., S. M. ARANGO, P. JURBERG & L. M. C. ANDRADE (1987): Bibliografia de Tatus (Mammalia, Edentata: Dasypodidae) 1864–1980. – Bol. Mus. Par. Emilio Goeldi, (sér. Zool.) 3: 67–157.
4. ANDERSON, S. & J. K. JONES (1984): Orders and Families of Recent Mammals of the World. – John Wiley & Sons, New York, Chichester, Brisbane, Toronto, Singapore.
5. ANTHONY, H. E. (1918): The indigenous land mammals of Porto Rico, living and extinct. – Mem. amer. Mus. nat. Hist., (n. Ser. II) Part II: 333–435 + pl.
6. ASDELL, S. A. (1964): Patterns of Mammalian Reproduction. – Cornell University Press, Ithaca, New York, (2. Auflage).
7. BALLOWITZ, E. (1892): Das Schmelzorgan der Edentaten, seine Ausbildung im Embryo und die Persistenz seines Keimrandes bei dem erwachsenen Tier. – Arch. mikr. Anat. Bonn und Berlin, 40: 135–155.
8. BARRETO, M., P. BARRETO & A. D'ALESSANDRO (1985): Colombian Armadillos: Stomach contents and infection with *Trypanosoma cruzi*. – J. Mammal., Baltimore, 66: 188–193.
9. BARTMANN, W. (1983): Haltung und Zucht von Großen Ameisenbären, *Myrmecophaga tridactyla* LINNÉ, 1758, im Dortmunder Tierpark. – Zool. Garten, (n. F.) 53: 1–31.
10. BENIRSCHKE, K., R. J. LOW & V. H. FERM (1969): Cytogenetic studies of some Armadillos. In: Comparative Mammalian Cytogenetics (K. BENIRSCHKE ed.). – Springer, Berlin, Heidelberg, New York. pp. 330–345.
11. BÖKER, H. (1932): Beobachtungen und Untersuchungen an Säugetieren während einer biologisch-anatomischen Forschungsreise nach Brasilien im Jahr 1928. – Morphol. Jb., Leipzig, 70: 1–66.
12. – (1935): Einführung in die vergleichende biologische Anatomie der Wirbeltiere, Bd. I. – Gustav Fischer, Jena.
13. – (1937): Einführung in die vergleichende biologische Anatomie der Wirbeltiere, Bd. II. – Gustav Fischer, Jena.
14. BOLK, L., E. GÖPPERT, E. KALLIUS & W. LUBOSCH (Hrsg.) (1937): Handbuch der vergleichenden Anatomie der Wirbeltiere. Band III. – Urban & Schwarzenberg, Berlin und Wien (Neudruck 1967: A. Asher & Co., Amsterdam)
15. BRAUER, K. & W. SCHOBER (1970): Katalog der Säugetiergehirne. – Gustav Fischer, Jena.
16. BRITTON, S. W. (1941): Form und function in the sloth. – Quart. Rev. Biol., Baltimore, 16: 13–34, 190–207.
17. BURMEISTER, H. (1862): Beschreibung eines behaarten Gürtelthieres *Praopus hirsutus*, aus dem National-Museum zu Lima. – Abh. Nat. Ges. Halle, 6: 147–148.
18. – (1863): Ein neuer *Chlamyphorus*. – Abh. naturf. Ges. Halle, 7: 167–171.
19. CABRERA, A. (1957–1961): Catalogo de los mamiferos de America del Sur. – Rev. Mus. Argent. Cienc. Nat. „Bern. Rivadavia", Buenos Aires, (Zool.) 4: 1–307.
20. – & J. YEPES (1960): Mamiferos Sudamericanos II, 2. Auflage. – Ediar, Buenos Aires.
21. CARTER, T. S. & C. D. ENCARNACAO (1983): Characteristics and use of burrows by four species of armadillos in Brazil. – J. Mammal., Baltimore, 64: 103–108.
22. CHRISTENSEN, C. G. & G. H. WARING (1980): The „chuck" sound of the nine-banded armadillo (*Dasypus novemcinctus*). – J. Mammal., Baltimore, 61: 737–738.
23. COIMBRA-FILHO, A. F. (1972): Mamiferos Ameacados de Extincao no Brasil. – Anals. Acad. Brasil. Cienc., 44 (suppl.): 13–98.
24. COOPER, Z. K. (1930): A histological study of the integument of the armadillo, *Tatusia novemcincta*. – Amer. Journ. Anat., Baltimore, 45: 1–32 + plts.
25. CUARON, A. D., I. J. MARCH & P. M. ROCKSTROH (1989): A second armadillo (*Cabassous centralis*) for the faunas of Guatemala and Mexico. – J. Mammal., Baltimore, 70: 870–871.
26. DE JONG, W. W., A. ZWEERS, K. A. JOYSEY, J. T. GLEAVES & D. BOULTER (1985): Protein Sequence Analysis applied to Xenarthran and Pholidote Phylogeny. In: The Evolution and Ecology of Armadillos, Sloths, and Anteaters (G. G. MONTGOMERY ed.). – Smithsonian Institution Press, Washington and London, pp. 65–76.
27. DING SU-YIN (1979): A new Edentate from the Paleocene of Guangdong. – Vertebr. Palasiat., 17: 62–69.
28. EISENTRAUT, M. (1933): Biologische Studien im bolivianischen Chaco. – Z. Säugetierk., Berlin, 8: 47–69.
29. ELLIOT, D. G. (1904): The Land and Sea Mammals of Middle America and The West Indies. – Publ. Field Mus. Nat. Hist., Chicago, (Zool. Ser.) 4, part I.
30. ELLIOT SMITH, G. (1899): The brain in the Edentata. – Transact. Linn. Soc. London, (2. ser., Zool.) 7: 277–394.
31. EMRY, R. J. (1970): A North American Oligocene Pangoline and other Additions to the Pholidota. – Amer. mus. nat. Hist., New York, 142: 459–510.
32. ENGELMANN, G. F. (1985): The Phylogeny of the Xenarthra. In: The Evolution and Ecology of Armadillos, Sloths, and Vermilinguas (G. G. MONTGOMERY ed.). – Smithsonian Institution Press, Washington and London. pp. 51–64.
32a. FAHRENHOLZ, C. (1937): Drüsen der Mundhöhle. In: Handbuch der vergleichenden Anatomie der Wirbeltiere, Bd. 3 (BOLK, L., E. GÖPPERT, E. KALLIUS & W. LUBOSCH ed.). – Urban & Schwarzenberg, Berlin und Wien (Neudruck 1967: A. Asher & Co., Amsterdam), pp. 115–210.
33. FERNANDEZ, M. (1909): Beiträge zur Embryologie der Gürteltiere. Zur Keimblätterinversion und spezifischen Polyembryonie der Mulita (*Tatusia hybrida* DESM.). – Morphol. Jb., Leipzig, 39: 302–333 + Taf.
34. – (1914): Die Entstehung der Einzelembryonen aus dem einheitlichen Keim beim Gürteltier *Tatusia hybrida* DESM. – Extr. 9. Congr. intern. de Zool. (Monaco), Sect. II: 401–414.
35. – (1915a): Die Entwicklung der Mulita. – Rev. Museo de La Plata, Buenos Aires, 21: 1–516 + Taf.
36. – (1915b): Über einige Entwicklungsstadien des Peludo (*Dasypus villosus*) und ihre Beziehung zum Problem der spezifischen Polyembryonie des Genus *Tatusia*. – Anat. Anz., Jena, 48: 305–327.
37. – (1922): Sobre la glandula pelviana y formaciones similares en desdentados recientes y fosiles. – Rev. Museo de La Plata, Buenos Aires, 26: 212–255.
38. – (1931): Sobre la anatomia microscopica y embriologia de la coraza de *Dasypus villosus* DESM. – Acta Acad. Nac. Ciencias de le Rep. Argentina, 10: 61–121 + Taf.
39. FITCH, H. S., P. GOODRUM & C. NEWMAN (1952): The armadillo in the southeastern United States. – J. Mammal., Baltimore, 33: 21–37.
40. FITZINGER, L. J. (1871a): Die Arten der natürlichen Familie der Faulthiere (Bradypodes), nach äußeren und osteologischen Merkmalen. – S. ber. math.-natur. Kl., kais. Akad. Wiss. Wien, 63: 331–405.

41. – (1871 b): Die natürliche Familie der Gürtelthiere (Dasypodes). – S. ber. math.-natur. Kl., kais. Akad. Wiss. Wien, **64**: 209–276.
42. FLOWER, W. H. (1868): On the Development and Succession of the Teeth in the Armadillos (Dasypodidae). – Proc. zool. Soc. London, **1868**: 378–380.
43. – (1882): On the Mutual Affinities of the Animals composing the Order Edentata. – Proc. zool. Soc. London, **1882**: 358–367.
44. FRECHKOP, S. (1949): Notes sur les Mammifères, XXXVI. Explication biologique, fournie par les Tatous, d'un des caractères distinctifs des Xénarthres et d'un caractère adaptatif analogue chèz les Pangolins. – Bull. Inst. roy. Sci. Nat. Belg., Bruxelles, **25** (28): 1–12.
45. – & J. Yepes (1949): Étude systématique et zoogéographique des Dasypodidés conservés a l'institut. – Bull. Inst. roy. Sci. Nat. Belg., Bruxelles, **25** (5): 1–56.
46. GLASS, B. P. (1985): History of Classification and Nomenclature in Xenarthra (Edentata). In: The Evolution and Ecology of Armadillos, Sloths, and Vermilinguas (G. G. MONTGOMERY ed.). – Smithsonian Institution Press, Washington and London. pp. 1–3.
47. GRASSÉ, P.-P. (1967): Traité de Zoologie, Anatomie, Systématique, Biologie. Tome XVI (1) Mammifères, Téguments et Squelette. – Masson & Cie., Paris.
48. – (1968): id. Tome XVI (2) Mammifères, Musculature. – Masson & Cie, Paris.
49. GREEGOR, D. H. JR. (1980a): Diet of the little hairy armadillo *Chaetophractus vellerosus*, of northwestern Argentina. – J. Mammal., Baltimore, **61**: 331–334.
50. – (1980b): Preliminary study of movements and home range of the armadillo, *Chaetophractus vellerosus*. – J. Mammal., Baltimore, **61**: 334–335.
51. GUTH, H. (1956): Au sujet des osselets de l'oreille chez les édentés fossiles. – Mammalia, Paris, **20**: 16–22.
52. – (1961): Le région temporale des Édentés. – Thèse, Impr. J. d'Arc, Le Puy., pp. 1–191.
53. HALL, E. R. (1981): The Mammals of North America. 2nd edition, **1**. – John Wiley & Sons, New York, Chichester, Brisbane, Toronto.
54. HAMLETT, G. W. D. (1939): Identity of *Dasypus septemcinctus* LINNAEUS with notes on some related species. – J. Mammal., Baltimore, **20**: 328–336.
55. HEUER, C. H., & G. B. WISLOCKI (1935): Early development of the sloth (*Bradypus griseus*) and its similarity to that of man. – Contrib. Embryol., Carnegie Inst. Washington, **25**: 1–13.
56. HIRSCHFELD, S. E. (1976): A new fossil Anteater (Edentata, Mammalia) from Colombia, S. A. and Evolution of the Vermilingua. – J. Paleont., **50**: 419–432.
57. HOFSTETTER, R. (1954): Phylogénie des Édentés Xénarthres. – Bull. Mus. nation. Hist. natur., Paris, (2) **26**: 433–438.
58. – (1958): Xenarthra. In: Traité de Paléontologie, t. VI (2) (J. PIVETEAU ed.). – Masson & Cie, Paris, pp. 535–636.
59. – (1969): Remarques sur la Phylogénie et la Classification des Édentés Xénarthres (Mammifères) actuels et fossiles. – Bull. Mus. nation. Hist. natur. Paris, (2) **41**: 91–103.
60. HONACKI, J. H., K. E. KINMAN & J. W. KOEPPL (1982): Mammal Species of the World. – Allen Press, Inc. & The Association of Systematics Collection, Lawrence, Kansas.
61. HSU, T. C. & K. BENIRSCHKE (1967–1975): An Atlas of Mammalian Chromosomes. **1–9**. – Springer, Berlin, Heidelberg, New York.
62. HUSSON, A. M. (1978): The Mammals of Suriname. – E. J. Brill, Leiden.
63. HYRTL, J. (1855): *Chlamydophori truncati* cum *Dasypode gymnuro* comparatum examen anatomicum. – Denkschr. kaiserl. Akad. Wiss. Wien, math.-naturwiss. Cl., **9**: 1–66 + Taf.
64. JORGE, W., A. T. ORSI-SOUZA & R. BEST (1985): The Somatic Chromosomes of Xenarthra. In: The Evolution and Ecology of Armadillos, Sloths, and Anteaters (G. G. MONTGOMERY ed.). – Smithsonian Institution Press, Washington and London. pp. 121–129.
65. –, D. A. MERRIT JR. & K. BENIRSCHKE (1977): Chromosome studies in Edentata. – Cytobiosis, **18**: 157–172.
66. KEIL, A. (1966): Grundzüge der Odontologie. 2. Auflage. – Gebr. Borntrager, Berlin-Nikolassee.
67. – & B. VENEMA (1963): Struktur- und Mikrohärteuntersuchungen an Zähnen von Gürteltieren (Xenarthra). – Zool. Beitr., **9**: 173–195.
68. KRAUSS, F. (1862): Ueber ein neues Gürtelthier aus Surinam. – Arch. Naturgesch., **28**: 19–34 + Taf.
69. KRIEG, H. (1929): Biologische Reisestudien in Südamerika. IX. Gürteltiere. – Z. Morph. Ökol., Berlin, **14**: 166–190.
70. – (1944): Ameisenbären. – Nat.wiss., **40/43**: 283–290.
71. – (1949): Ameisenbären. Kosmos, Stuttgart, **11**: 422–426.
72. – & U. RAHM (1961): Das Verhalten der Xenarthren (Xenathra) und das Verhalten der Schuppentiere (Pholidota). In: Handbuch der Zoologie, Bd. **8**, 27. Liefg. (J.-G. HELMCKE, H. V. LENGERKEN & D. STARCK ed.). – Walter de Gruyter & Co., Berlin. pp. 10 (12) 1–48.
73. KRUMBIEGEL, I. (1940a): Die Säugetiere der Südamerika-Expeditionen Prof. Dr. Kriegs. I. Gürteltiere. – Zool. Anz., Leipzig, **131**: 49–73.
74. – (1940b): Die Säugetiere der Südamerika-Expeditionen Prof. Dr. Kriegs. 2. Ameisenbären. – Zool. Anz., Leipzig, **131**: 161–188.
75. – (1941): Die Säugetiere der Südamerika-Expeditionen Prof. Dr. Kriegs. 14. Faultiere. – Zool. Anz., Leipzig, **136**: 53–62.
76. KÜHLHORN, F. (1938a): Die Anpassungstypen der Gürteltiere. – Z. Säugetierk., Berlin, **12**: 245–303.
77. – (1938b): Das Riesengürteltier (*Priodontes giganteus* E. Geoffr.) als Anpassungsform. – Zool. Garten, Leipzig, (nF) **10**: 107–114.
78. – (1939): Beziehungen zwischen Ernährungsweise und Bau des Kauapparates bei einigen Gürteltier- und Ameisenbärenarten. – Morphol. Jahrb., Leipzig, **84**: 55–85.
79. – (1965): Biologisch-anatomische Untersuchungen über den Kauapparat der Säuger. III. Die Stellung von *Chlamyphorus truncatus* Harlan, 1825 in der Gürteltier-Spezialisationsreihe. – Veröff. zool. Staatssamml., München, **9**: 1–53.
80. – (1984): Grabanpassungen beim Burmeister-Gürtelmull, *Burmeisteria retusa* (Burmeister, 1863). – Säugetierkundl. Mitt., **31**: 97–111.
81. LEIDY, J. (1855): A Memoir on the extinct Sloth Tribe of North America. – Smithson. Contrib. Sci., Washington, **7**: 1–68 + plts.
82. LÖNNBERG, E. (1928): Notes on some South American Edentates. – Ark. Zool., Uppsala, **20** A (10): 1–17 + plt.
83. – (1937): Notes on some South-American Mammals. – Ark. Zool., Uppsala, **29** A (19): 1–29.
84. – (1942): Notes on Xenarthra from Brazil and Bolivia. – Ark. Zool., Uppsala, **34** A (9): 1–58.
85. LUIS DA MODA, D., L. L. GEORGE, P. P. B. PINHEIRO & N. L. PINHEIRO (1989): Some morphological and histochemical studies on the Intestinal Tract of the Brazilian Sloth (*Bradypus tridactylus*). – Gegenbaurs morphol. Jahrb., **135** (2): 367–377.
86. MCKENNA, M. C. (1975): Toward a Phylogenetic Classification of the Mammalia. In: Phylogeny of the Primates (W. P. LUCKETT & F. S. SZALAY ed.). – Plenum Press, New York and London. pp. 21–46.
87. MENDEL, F. C. (1981): Use of hands and feet of two-toed sloths (*Choloepus hoffmanni*) during climbing and terrestrial locomotion. – J. Mammal., Baltimore, **62**: 413–421.
88. – (1985): Adaptations for Suspensory Behavior in the Limbs of Two-toed Sloths. In: The Evolution and Ecology of Armadillos, Sloths, and Vermilinguas (G. G.

MONTGOMERY ed.). – Smithsonian Institution Press, Washington and London, pp. 151–161.
89. MENEGAUX, A. (1909): Contribution a l'étude des Édentés actuels. Familie des Bradypodidés. – Arch. Zool. expér. génér., Paris, **1** (3): 277–344.
90. MERITT, D. (1973): Observations on the status of the giant armadillo, *Priodontes giganteus*, in Paraguay. – Zoologia, **58**: 103.
91. MILES, S. S. (1941): The Shoulder Anatomy of the Armadillo. – J. Mammal., Baltimore, **22**: 157–169.
92. MILLER, G. S. (1899): Notes on the naked-tailed armadillos. – Proc. biol. Soc. Washington, **13**: 1–8.
93. MILLER, R. A. (1935): Functional Adaptations in the Forelimb of the Sloths. – J. Mammal., Baltimore, **16**: 38–51.
94. MOELLER, W. (1968): Allometrische Analyse der Gürteltierschädel. Ein Beitrag zur Phylogenie der Dasypodidae BONAPARTE, 1838. – Zool. Jb., Anat., Jena, **85**: 411–528.
95. – (1988): Ameisenbären (Familie Myrmecophagidae). In: Grzimek's Enzyklopädie Säugetiere, **2** (B. GRZIMEK ed.). – Kindler, München. pp. 583–597.
96. MONDOLFI, E. (1968): Description de un nuevo armadillo del genero *Dasypus* de Venezuela (Mammalia-Edentata). – Mem. Soc. Cienc. Nat., La Salle, **27**: 149–167.
97. MONTGOMERY, G. G. (1985a): Impact of Vermilinguas (*Cyclopes, Tamandua*: Xenarthra = Edentata) on Arboreal Ant Populations. In: The Evolution and Ecology of Armadillos, Sloths, and Vermilinguas (G. G. MONTGOMERY ed.). – Smithsonian Institution Press, Washington + London., pp. 351–363.
98. – (1985b): Movements, Foraging and Food Habits of the Four Extant Species of Neotropical Vermilinguas (Mammalia; Myrmecophagidae). In: The Evolution and Ecology of Armadillos, Sloths, and Vermilinguas (G. G. MONTGOMERY ed.). – Smithsonian Institution Press, Washington + London., pp. 365–377.
99. MÜLLER, A. H. (1970): Lehrbuch der Paläozoologie. **3** (3). Mammalia. – Gustav Fischer, Jena.
100. NAPLES, V. L. (1982): Cranial Osteology and Function in the Tree Sloths, *Bradypus* and *Choloepus*. – Amer. Mus. Novit., New York, **2739**: 1–41.
101. NIETHAMMER, J. (1975): Hautverknöcherungen im Schwanz von Stachelmäusen (*Acomys dimidiatus*). – Bonn. zool. Beitr., **26**: 100–106.
102. NOVACEK, M. J. (1990): Morphology, Paleontology, and the higher Clades of Mammals. In: Current Mammalogy, **2** (H. H. GENOWAYS ed.) – Plenum Press, New York and London, pp. 507–543.
103. OLROG, C. C. & M. M. LUCERO (1980): Guia de los Mamiferos Argentinos. – Ministerio de Cultura y Educacion, Fundacion Miguel Lillo, San Miguel de Tucumán.
104. OSTENRATH, F. (1974): Haltung von Riesengürteltieren (*Priodontes giganteus*) im Zoo Duisburg. – Z. Kölner Zoo, **4**: 145–146.
105. OWEN, R. (1862): On the Anatomy of the Great Anteater (*Myrmecophaga jubata*, Linn.). – Transact. zool. Soc. London, **4**: 117–140, 179–181.
106. PATTERSON, B. (1957): Mammalian Phylogeny. – Union Internat. Sci. Biol., Paris, **32** (b): 15–49.
107. PAULA COUTO, C. DE (1979): Tratado de Paleomastozoologia. – Acad. Bras. Cienc. Rio de Janeiro, pp. 1–590.
108. PAULLI, S. (1900): Über die Pneumaticität des Schädels bei den Säugethieren. Eine morphologische Studie. III. – Morphol. Jb., Leipzig, **28**: 483–564 + Taf.
109. PEYER, B. (1968): Comparative Odontology. – University of Chicago Press, Chicago and London.
110. POCHE, F. (1908): Über die Anatomie und die systematische Stellung von *Bradypus torquatus* (III). – Zool. Anz., Leipzig, **23**: 567–580.
111. POCOCK, R. I. (1913): Dorsal Glands in Armadillos. – Proc. zool. Soc. London, **1913**: 1099–1103,
112. – (1924): The External Characters of the South American Edentates. – Proc. Zool. Soc. London, **1924**: 983–1031.
113. POUCHET, G. (1874): Mémoires sur le Grand Fourmilier (*Myrmecophaga jubata*, LINNÉ.). – Masson, Paris.
114. RAPP, W. VON (1852): Anatomische Untersuchungen über die Edentaten. 2. Auflage. – Ludwig Friedrich Fues, Tübingen.
115. REDFORD, K. H. & R. M. WETZEL (1985): *Euphractus sexcinctus*. – Mammalian Species, **252**: 1–4.
116. REEVE, E. C. R. (1941): A Statistical Analysis of Taxonomic Differences within the Genus *Tamandua* GRAY (Xenarthra). – Proc. zool. Soc. London, **1941**: 279–302.
117. REINBACH, W. (1952a): Zur Entwicklung des Primordialcraniums von *Dasypus novemcinctus* LINNÉ (*Tatusia novemcincta* Lesson) I. – Z. Morphol. Anthropol., Stuttgart, **44**: 375–444.
118. – (1952b): Zur Entwicklung des Primordialcraniums von *Dasypus novemcinctus* LINNÉ (*Tatusia novemcincta* Lesson) II. – Z. Morphol. Anthropol., Stuttgart, **45**: 1–72.
119. – (1955): Das Cranium eines Embryos des Gürteltieres *Zaedyus minutus* (65 mm Sch.-St.). – Morph. Jb., Leipzig, **95**: 79–141.
120. RÖHRS, M. (1966): Vergleichende Untersuchungen zur Evolution der Gehirne von Edentaten. I. Hirngewicht-Körpergewicht. – Z. zool.-syst. Evol.-Forsch., **4**: 196–208.
121. ROIG, V. G. (1964): Inmunotest y relaciones sistematicas en dasipodidos argentinos. – Cienc. Invest., 20: 270–275.
122. SANBORN, C. C. (1930): Distribution and habits of the three-banded Armadillo (*Tolypeutes*). – J. Mammal., Baltimore, 11: 61–68 + plt.
123. SARICH, V. M. (1985): Xenarthran Systematics: Albumin Immunological Evidence. In: The Evolution and Ecology of Armadillos, Sloths, and Vermilinguas (G. G. MONTGOMERY ed.). – Smithsonian Institution Press, Washington and London. pp. 71–81.
124. SCHAFFER, J. (1940): Die Hautdrüsenorgane der Säugetiere. – Urban & Schwarzenberg, Berlin und Wien.
125. SCHMID, B. (1938): Psychologische Beobachtungen und Versuche an einem jungen, männlichen Ameisenbären (*Myrmecophaga tridactyla*). – Z. Tierpsychol., Berlin, **2**: 117–126.
126. SCHNEIDER, R. (1955): Zur Entwicklung des Chondrocraniums der Gattung *Bradypus*. – Morphol., Jb., Leipzig, **95**: 209–301.
127. SCHOBER, W. & K. BRAUER (1975): Makromorphologie des Gehirns der Säugetiere. In: Handb. der Zoologie, **8** (2) (J. G. HELMCKE, D. STARCK & H. WERMUTH ed.). – Walter de Gruyter & Co., Berlin, pp. 1(7)–296(7).
128. SCHRÖDER, W. (1937): Über *Tamandua tetradactyla longicaudata* (WAGN.). – Zool. Anz., Leipzig, **119**: 124–138.
129. SCHUHMACHER, G.-H. & H. SCHMIDT (1972): Anatomie und Biochemie der Zähne. – Gustav Fischer, Stuttgart.
130. SCILLATO-YANÉ, G. J. (1980): Nuevo Megalonychidae (Edentata, Tardigrada) del „Mesopotamiense" (Mioceno Tardioplioceno) de la Provincia de Entre Rios. – Ameghiniana, **17**: 193–199.
131. SIMPSON, G. G. (1945): The principles of classification and a classification of mammals. – Bull. amer. Mus. nat. Hist., New York, **85**: i–xvi, 1–350.
132. SPATZ, H. & H. STEPHAN (1966): Adaptive Konvergenz von Schädel und Gehirn von „Kopfwühlern". – Zool. Anz., Leipzig, **166**: 402–43.
133. STARCK, D. (1941): Zur Morphologie des Primordialkraniums von *Manis javanica* Desm. – Morph. Jb., Leipzig, **86**: 1–122.
134. – (1978–1982): Vergleichende Anatomie der Wirbeltiere auf evolutionsbiologischer Grundlage. **I–III**. – Springer, Berlin, Heidelberg, New York.
135. STORCH, G. (1981): *Eurotamandua joresi*, ein Myrme-

cophagide aus dem Eozän der „Grube Messel" bei Darmstadt (Mammalia, Xenarthra). – Senckenberg. Leth., Frankfurt/Main, **61** (3/6): 247–289.
136. – (1984): Die alttertiäre Säugetierfauna von Messel – ein paläobiogeographisches Puzzle. – Naturwissenschaften, Berlin, **71**: 227–233.
137. – & J. HABERSETZER (1991): Rückverlagerte Choanen und akzessorische Bulla tympanica bei rezenten Vermilingua und *Eurotamandua* aus dem Eozän von Messel (Mammalia: Xenarthra). – Z. Säugetierkunde, Berlin, **56**: 257–271.
138. TALMAGE, R.V. & G.D. BUCHANAN (1954): The Armadillo (*Dasypus novemcinctus*). – Rice Inst. Pamphlet, **49** (2): 1–135.
139. TATE, G.H.H. (1939): The Mammals of the Guiana Region. – Bull. amer. Mus. nat. Hist., New York, **76**: 151–229.
140. TAYLOR, B.K. (1985): Functional Anatomy of the Forelimb in Vermilinguas (Anteaters). In: The Evolution and Ecology of Armadillos, Sloths, and Anteaters (G.G. MONTGOMERY ed.). – Smithsonian Institution Press, Washington and London. pp. 163–171.
141. THENIUS, E. (1969): Stammesgeschichte der Säugetiere (einschließlich der Hominiden). In: Handbuch der Zoologie, **8**, 2. Teil (J.-G. HELMCKE, D. STARCK & H. WERMUTH ed.). – Walter de Gruyter & Co., Berlin. pp. 1–722.
142. – (1979): Die Evolution der Säugetiere. – Gustav Fischer, Stuttgart und New York.
143. – (1980). Grundzüge der Faunen- und Verbreitungsgeschichte der Säugetiere. 2. Auflage. – Gustav Fischer, Jena.
144. – (1989): Zähne und Gebiß der Säugetiere. In: Handbuch der Zoologie, **8**, Teilbd. 56 (J. NIETHAMMER, H. SCHLIEMANN & D. STARCK ed.). – Walter de Gruyter, Berlin, pp. 1–513.
145. THOMAS, O. (1917): Some Notes on Three-toed Sloths. – Ann. Mag. nat. Hist., London, (8) **19**: 352–357.
146. THOMPSON, R.H. (1972): Algae from the Hair of the Sloth *Bradypus*. – J. Phycol., **8** (Suppl.): 8.
147. TOLDT, K. (1935): Aufbau und natürliche Färbung des Haarkleides der Wildsäugetiere. – Deutsche Gesellschaft für Kleintier- und Pelztierzucht, Leipzig.
148. VAN DOORN, C. (1971): Verzögerter Zyklus der Fortpflanzung bei Faultieren. – Zeitschr. Kölner Zoo, **14**: 15–22.
149. WAAGE, J.K. & R.C. BEST (1985): Arthropod Associates of Sloths. In: The Evolution and Ecology of Armadillos, Sloths, and Vermilinguas (G.G. MONTGOMERY ed.). – Smithsonian Institution Press, Washington and London. pp. 297–311.
150. WEBB, S.D. (1985): The Interrelationships of Tree Sloths and Ground Sloths. In: The Evolution and Ecology of Armadillos, Sloths, and Vermilinguas (G.G. MONTGOMERY ed.). – Smithsonian Institution Press, Washington and London. pp. 105–112.
151. WEBER, M. (1904): Die Säugetiere. – Gustav Fischer, Jena.
152. – (1927–1928): Die Säugetiere. 2. Auflage, **1** + **2**. – Gustav Fischer, Jena.
153. WEGNER, R.N. (1922): Der Stützknochen, Os Nariale, in der Nasenhöhle bei den Gürteltieren, Dasypodidae, und seine homologen Gebilde bei Amphibien, Reptilien und Monotremen. – Morphol. Jb., Leipzig, **51**:413–492.
153a: – (1951): Unterschiede der Nasenlochgestaltung und des Os nariale bei den Säugetieren (*Choloepus*) und den Bauriamorphen. – Verh. Anat. Ges., **97** (Suppl.): 104–111.
154. WEHKING, K. (1939): Der männliche Urogenitalapparat der Gürteltiere, Ameisenbären und Faultiere. – Diss. Anat. Inst. Univers. Münster (Westf.), 45 pp.
155. WELCKER, H. (1866): Über die Entwicklung und den Bau der Haut und der Haare bei *Bradypus*. – Abh. naturf. Ges. Halle, **9**: 19–72 + Taf.
156. WETZEL, R.M. (1975): The species of *Tamandua* Gray (Edentata, Myrmecophagidae). – Proc. biol. Soc. Washingon, **88**: 95–112.
157. – (1980): Revision of the naked-tailed armadillos, genus *Cabassous* McMurtrie. – Ann. Carnegie Mus., Chicago, **49**: 323–357.
158. – (1982): Systematics, distribution, ecology, and conservation of South American Edentates. In: Mammalian Biology in South America (M.M. MARES & H.H. GENOWAYS ed.). – Spec. Publ. Pymatuning Laboratory of Ecology, University of Pittsburgh, **6**: 345–375.
159. – (1985a): The Identification and Distribution of recent Xenarthra (= Edentata). In: The Evolution and Ecology of Armadillos, Sloths, and Vermilinguas (G.G. MONTGOMERY ed.). – Smithsonian Institution Press, Washington and London, pp. 5–21.
160. – (1985b): Taxonomy and Distribution of Armadillos, Dasypodidae. In: The Evolution and Ecology of Armadillos, Sloths, and Vermilinguas (G.G. MONTGOMERY ed.). – Smithsonian Institution Press, Washington and London. pp. 23–46.
161. – & D. KOCK (1973): The identity of *Bradypus variegatus* SCHINZ (Mammalia, Edentata). – Proc. Biol. Soc. Washington, **86**: 25–34.
162. – & E. MONDOLFI (1979): The Subgenera and Species of Long-nosed Armadillos, Genus *Dasypus* L. In: Vertebrate Ecology in the Northern Neotropics (J.F. EISENBERG ed.). – Smithsonian Institution Press, Washington and London. pp. 43–63.
163. – & F.D. DE AVILA-PIRES (1980): Identification and distribution of the Recent sloths of Brazil (Edentata). – Rev. bras. Biol, **40**: 831–836.
164. WIBLE, J.E., D. MIAO & J.A. HOPSON (1990): The septomaxilla of fossil and recent synapsids and the problem of the septomaxilla of monotremes and armadillos. – Zool. J. Linn. Soc. **98**: 203–228.
165. WINGE, H. (1941): The Interrelationships of the Mammalian Genera, **1**. – C.A. Reitzels, Kopenhagen.
166. WOLDA, H. (1985): Seasonal Distribution of Sloth Moths *Cryptoses choloepi* Dyar (Pyralidae, Chrysauginae) in Light Traps in Panama. In: The Evolution and Ecology of Armadillos, Sloths, and Vermilinguas (G.G. MONTGOMERY ed.). – Smithsonian Institution Press, Washington and London, pp. 313–318.
167. XIMENEZ, A. (1971): Hallazgo de *Tamandua tetradactyla* (LINNÉ, 1758) en el Uruguay. – Neotropica, **18**: 134–136.
168. – & F. ACHAVAL (1966): Sobre la presencia en el Uruguay del Tatu de Rabo Molle, *Cabassous tatouay* (Desmarest) (Edentata-Dasypodidae). – Commun. Zool. Mus. Montevideo, **9**: 1–5 + Taf.
169. ZEIGER, K. (1925): Beiträge zur Kenntnis der Hautmuskulatur der Säugetiere. I. Mitteilung: Die Hautrumpfmuskeln der Xenarthra. – Morphol. Jb., Leipzig, **54**: 387–420.

Namensregister

(halbfette Seitenzahlen = Illustration)

antelios, Ernanodon 12
boliviensis, Bradypus 56
Bradypodicola
　hahneli 52
Bradypodidae 52
Bradypophila
　garbei 52
Bradypus 7, **53**, **54**
　torquatus **55**, 56, **58**
　tridactylus **9**, 54, **55**
　variegatus **4**, **55**, 56, **57**
Cabassous 34
　centralis 34, **36**
　chacoensis 31, 34, **35**, **36**
　squamicaudis 36
　tatouay 20, 31, **36**, 37, **38**
　unicinctus 7, 36
chacoensis, Cabassous 31, 34, **35**, **36**
Chaetophractus 41
　nationi 41
　vellerosus 39, 41, **42**, **43**
　villosus **2**, 20, 39, 43, **44**
Chlamyphorini 45
Chlamyphorus
　retusus 20, 33, 47, **48**, 49
　truncatus **9**, 33, 48, **50**
choloepi, Cryptoses 52
Choloepidae 56
Choloepus **53**, **60**
　didactylus **59**, 61, **62**
　hoffmanni **61**, 62
centralis, Cabassous 34, **36**
Cingulata 13
conurus, Tolypeutes 29
Cryptophractus 26
Cryptoses
　choloepi 52
　rufipictus 52
　waagei 52
cuculliger, Bradypus 54
Cyclopes
　didactylus **72**, **73**, 74
Cyclothuridae 71
Dasypodidae 14
Dasypodini 19
Dasypus **18**, 19
　hybridus 22, 24, **25**
　kappleri **15**, 24, 26, **27**
　novemcinctus 19, **20**, 22, **23**, 24
　pilosus 22, **24**, 26
　sabanicola **24**, 26
　septemcinctus 23, **24**
didactylus, Choloepus **59**, 61, **62**
didactylus, Cyclopes **72**, **73**, 74
Ernanodon antelios 12
Euphractini 37
Euphractus
　sexcinctus **5**, **9**, 39, **40**, 41
Eurotamandua 12, 13
　joresi 12, 13
garbei, Bradypophila 52
giganteus, Priodontes 33
Glyptodontidae 13
Gravigrada 51
gymnurus, Cabassous 36, 37
hahneli, Bradypodicola 52
hirsutus, Dasypus 26
hispidus, Cabassous 36
hoffmanni, Choloepus **61**, 62
hybridus, Dasypus 22, 24, **25**
Hyperoambon 26

infuscatus, Bradypus 56
joresi, Eurotamandua 12, 13
jubata, Myrmecophaga 67
kappleri, Dasypus **15**, 24, 26, **27**
longicaudata, Tamandua 71
loricatus, Cabassous 36
Macroeuphractus 13, 17
matacus, Tolypeutes 20, **28**, 29, **30**, 31
maximus, Priodontes **2**, **6**, **16**, 20, 31, **32**, 33
mazzai, Dasypus 19, 24
Megalonychidae 51
Megatheriidae 51
mexicana, Tamandua 68, **69**
minutus, Zaedyus 45
Mylodontidae 51
Myrmecophaga
　tridactyla **8**, **64**, **65**, 67, **68**
Myrmecophagidae 66
nationi, Chaetophractus 41
novemcinctus, Dasypus 19, **20**, 22, **23**, 24
Octodontotherium 12, 13
Orophodon 12, 13
Orophodontidae 12, 13
Palaeanodonta 11, 12
Palaeomyrmidon 65
Palaeopeltidae 13
Palaeopeltis 13
Paragravigrada 13
Peltephilidae 13
Peltephilus 13
pichiy, Zaedyus 39, 41, 43, **45**, **46**
Pilosa 10
pilosus, Dasypus 22, **24**, 26
Priodontes 33
　maximus **2**, **6**, **16**, 20, 31, **32**, 33
Priodontini 29
quichua, Tamandua 71
retusus, Chlamyphorus 20, 33, 47, **48**, 49
rufipictus, Cryptoses 52
sabanicola, Dasypus **24**, 26
Scaeopus 56
septemcinctus, Dasypus 23, **24**
sexcinctus, Euphractus **5**, **9**, 39, **40**, 41
squamicaudis, Cabassous 36
straminea, Tamandua 71
Tamandua 67
　mexicana 68, **69**
　tetradactyla **66**, **69**, **70**, 71
Tardigrada 51
tatouay, Cabassous 20, 31, **36**, 37, **38**
tetradactyla, Tamandua **66**, **69**, **70**, 71
Tolypeutes
　matacus 20, **28**, 29, **30**, 31
　tricinctus 29, **31**
Tolypeutini 28
torquatus, Bradypus **55**, 56, **58**
tricinctus, Tolypeutes 29, **31**
tridactyla, Myrmecophaga **8**, **64**, **65**, 67, **68**
tridactylus, Bradypus **9**, 54, **55**
truncatus, Chlamyphorus **9**, 33, 48, **50**
unicinctus, Cabassous 7, 36
Utaetus 12, 17
variegatus, Bradypus **55**, 56, **57**
vellerosus, Chaetophractus 39, 41, **42**
Vermilingua 62
villosus, Chaetophractus **2**, 20, 39, 43, **44**
waagei, Cryptoses 52
Zaedyus
　pichiy 39, 41, 43, **45**, **46**

Informationen für Autoren

Handbuch der Zoologie, Band VIII Mammalia

Verlag: Walter de Gruyter & Co., Berlin
Herausgeber: J. Niethammer, H. Schliemann,
　　　　　　　D. Starck
Schriftleitung: H. Wermuth

Das Handbuch der Zoologie, Band VIII Mammalia (Säugetiere) behandelt das gesamte Gebiet der Speziellen Zoologie der Säugetiere. Es wird der gegenwärtige Stand der Kenntnisse in kurzer Form dargestellt, wobei vor allem die wesentlichen Tatsachen Berücksichtigung finden und auf offene, noch zu klärende Fragen hingewiesen wird.

Der Band VIII erscheint in Teilbänden mit fortlaufender Numerierung entsprechend dem Eingang der Beitragsmanuskripte.

Der Umfang der Manuskripte und der Termin für deren Ablieferung wird gemeinsam mit Autoren, Herausgebern und Verlag vertraglich festgelegt.

Jeder Teilband umfaßt
　Inhaltsübersicht
　Text
　Abbildungen (fortlaufend numeriert)
　Abbildungslegenden
　Tabellen (fortlaufend numeriert)
　Verzeichnis der Gattungs- und Artnamen mit
　Autor und Jahreszahl
　Sachregister mit Seitenzahl
　Literaturverzeichnis

Text: Das Manuskript soll mit Schreibmaschine (2facher Zeilenabstand) auf DIN-A-4-Blättern geschrieben sein. Links soll ein 3 cm breiter Rand frei bleiben. Wissenschaftliche Namen der Gattungen, Arten und Unterarten sind im Manuskript gewellt zu unterstreichen und werden kursiv gesetzt. Vorschläge für Kleindruck werden durch einen senkrechten Strich am linken Rand mit dem Zusatz „Petit" gekennzeichnet. Im Text sollen Autorennamen der Taxa vermieden werden. Literaturhinweise erfolgen durch Nennung des Autors in Klammern evtl. mit Zusatz der Jahreszahl und bei Mehrfachzitierung verschiedener Arbeiten des gleichen Autors mit dem Zusatz a, b, c. Für die endgültige Vorbereitung des Manuskriptes für den Satz ist der Schriftleiter verantwortlich.

Das Literaturverzeichnis enthält alle Veröffentlichungen, die im Text zitiert werden, sie werden nach dem folgenden Muster in alphabetischer Reihenfolge aufgeführt.

Zeitschriftenbeiträge: Schildknecht, H., Maschwitz, V. & Winkler H. (1968): Zur Evolution der Carabiden-Wehrdrüsen-Sekrete. – Die Naturwissenschaften, Berlin, 3: 112–117.

Bücher oder andere selbständige Veröffentlichungen: Riedl, R. (1975): Die Ordnung des Lebendigen. Systembedingungen der Evolution. Paul Parey, Hamburg und Berlin.

Information for Authors

Handbook of Zoology, Volume VIII Mammalia

Publishers: Walter de Gruyter & Co., Berlin
Editors: J. Niethammer, H. Schliemann,
　　　　　D. Starck
Managing Editor: H. Wermuth

The Handbook of Zoology, Vol. VIII, Mammalia treats the whole field of the zoology of the mammals. It briefly outlines current knowledge, laying particular emphasis on the most essential facts. Reference is made to important questions that are still open.

Volume VIII will be published in parts, numbered consecutively according to the receipt of the manuscripts.

The size of the manuscripts as well as the data of submittance will be determined by the editors together with the contributors and the publisher.

Each part comprises
　Table of contents
　Text
　Illustrations (numbered consecutively)
　Legends to illustrations
　Tables (Numbered consecutively)
　Index of generic and species names with author
　and year
　Subject Index in alphabethical order
　References

Text: The manuscript should be typed double-spaced on DIN A4 paper (21 × 29,7 cm) with a left margin of 3 cm. Scientific names of genera and species should be marked with a wavy underline and will be set in italics. Suggestions for small type may be made by a vertical line in the left margin with the note "Petit". The names of authors of taxa should be avoided in the text. Literature citations should be made by giving the name of the author in brackets, together with the year of publication, if desired. (In the case of citations for several works of the same author, they are to be distinguished by the addition of a, b, c, etc.) The Managing Editor is responsible for the final preparation of the manuscript for typesetting.

The reference section must contain an alphabetical list of all references mentioned in the text. Please note the following examples.

Articles in journals: Schildknecht, H., Maschewitz, V. & Winkler, H. (1968): Zur Evolution der Carabiden-Wehrdrüsen-Sekrete. – Die Naturwissenschaften, Berlin, 3: 112–117

Books or other publications: Riedl, R. (1975): Die Ordnung des Lebendigen. Systembedingungen der Evolution. Paul Parey, Hamburg und Berlin.

Articles in reference works: Stell, F.F. (1971): Mechanism of synaptic transmission. In: Neurosciences Research. (S. Ehrenpreis, ed.). Academic Press, New York, London. pp. 1–27.

Unpublished material should only be cited when it has been accepted for publication. The name of the journal where the paper is to appear must be given:
Kuhn, H.-J. (1976): Antorbitaldrüse und Tränennasengang von Neutragus pygmaeus. – Z. Säugetierkunde (in press)

In the reference section scientific periodicals should be cited according to the "World list of Scientific Periodicals, Published in the Years 1900–1960" (Butterworths, London) and later listings.

Illustrations (drawings and photos) must be submitted in camera-ready form. The figures will be reduced as far as possible, either to the width of one column (76 mm) or two columns (157 mm). The length of a column is 238 mm. For a figure that is to be reduced to ¼ its size (½ length of side), lines of 0,5 to 0,8 mm and letters 8 mm high are recommended. A lettering device should be used (no typing). Photographs must be of good contrast as there is a loss of contrast in printing.

The manuscript should be submitted in 3 separate sections:
1. complete text
2. illustrations, tables and diagrams
3. legends to the illustrations

The manuscript of the subject index recording all pertinent statements made within the body of the text is to be prepared on receipt of the page proofs.

The author is requested to retain a copy of the manuscript.

The manuscripts are to be written in English or German.

Manuscripts, galley-proofs and page proofs should be sent to the editor.

Herausgeber/Editors

Professor
Dr. Jochen Niethammer
Zoologisches Institut der
Universität Bonn
Poppelsdorfer Schloß
D-53115 Bonn
Tel. (0228) 73 54 57

Professor
Dr. Harald Schliemann
Zoologisches Institut und
Zoologisches Museum
Martin-Luther-King-Platz 3
D-20146 Hamburg
Tel. (040) 41 23 39 17

Professor
Dr. med. Dr, phil. h. c.
Dietrich Starck
Balduinstraße 88
D-60599 Frankfurt

Schriftleiter/Managing Editor

Dr. Heinz Wermuth
Falkenweg 1
D-71691 Freiberg
Tel. (07141) 7 49 77

Verlag/Publisher

Walter de Gruyter & Co.
Genthiner Straße 13
D-10785 Berlin
Tel. (030) 26005-0

Walter de Gruyter, Inc.
Scientific Publishers
200 Saw Mill River Road
Hawthorne, N.Y. 10532
U.S.A.
Tel. (914) 747-0110

Handbuch der Zoologie / Handbook of Zoology
Band/Volume VIII Mammalia

Band VIII Mammalia wird von nun an in Teilbänden mit einer fortlaufenden Numerierung erscheinen, die an die bisherige Zählung der Lieferungen anschließt. Jeder Teilband wird von 55 an gebunden geliefert.

Volume VIII Mammalia will appear from now on in parts with consecutive numeration in connection with the previous numeration of the instalments. Each part will be delivered bound from part 55 on.

Bisher erschienen/Already published

Lieferung instalment	Autor, Titel / Author, Title	Erscheinungsjahr Publication date
1	K. Herter: Winterschlaf G. Lehmann: Das Gesetz der Stoffwechselreduktion	1955
2	M. Meyer-Holzapfel: Das Spiel bei Säugetieren W. Fischel: Haushunde E. Mohr: Das Verhalten der Pinnipedier H. Pilters: Das Verhalten der Tylopoden	1955
3	H. Mies: Physiologie des Herzens und des Kreislaufs H. v. Hayek: Die Lunge	1956
4	W. Schoedel: Die Atmung	1956
5	F. Tischendorf: Milz H.E. Voß: Der Einfluß endokriner Drüsen auf den Stoffwechsel der Säugetiere	1956
6	C. Heidermanns: Physiologie der Exkretion E. Heinz & H. Netter: Wasserhaushalt	1956
7	G.P. Baerends: Aufbau des tierischen Verhaltens P. Leyhausen: Das Verhalten der Katzen H. Frick: Morphologie des Herzens. *Vergriffen*	1956
8	K. Lorenz: Methoden der Verhaltensforschung I. Eibl-Eibesfeldt: Ausdrucksformen der Säugetiere M. Meyer-Holzapfel: Das Verhalten der Bären. *Vergriffen*	1957
9	K. Herter: Das Verhalten der Insektivoren G. Tembrock: Das Verhalten des Rotfuchses. *Vergriffen*	1957
10	L. v. Bertalaffny: Wachstum	1957
11	G. Siebert & K. Lang: Energiewechsel A. Kuritz: Das autonome Nervensystem	1958
12	I. Eibl-Eibesfeldt: Das Verhalten der Nagetiere	1958
13	W. Krüger: Der Bewegungsapparat	1958
14	W. Krüger: Der Bewegungsapparat (Abschluß von Lieferung 13)	1958
15	W. Krüger: Bewegungstypen E.J. Slijper: Das Verhalten der Wale (Cetacea)	1958
16	Th. Haltenorth: Klassifikation (Monotremata) Th. Haltenorth: Klassifikation (Marsupialia)	1958
17	P.O. Chatfield: Physiologie der peripheren Nerven H. Brune: Rohstoffe der Haussäugetiere	1958
18	L.S. Crandall: Über das Verhalten des Schnabeltieres in der Gefangenschaft H. Hediger: Verhalten der Marsupialier C.R. Carpenter: Soziologie und Verhalten freilebender nichtmenschlicher Primaten	1958
19	H. Bartels: Physiologie des Blutes E.H. Hess: Lernen und Engramm	1959
20	J.H. Schuurmans Stekhoven: Biologie der Parasiten der Säugetiere P. Cohrs & H. Köhler: Tod und Todesursachen bei Säugetieren	1959
21	Th.H. Schiebler: Morphologie der Nieren	1959
22	D. Starck: Ontogenie und Entwicklungsphysiologie der Säugetiere	1959
23	G. Birukow: Statischer Sinn M. Watzka: Superfecundatio, Superfedatio, multiple Ovulation, Zwillinge, Mehrlinge bei Säugetieren	1959

Lieferung instalment	Autor, Titel / Author, Title	Erscheinungsjahr Publication date
24	B. Kummer: Biomechanik des Säugetierskeletts	1959
25	H. Grau & Boessneck: Der Lymphapparat E.J. Slijper: Die Geburt der Säugetiere	1960
26	R. Ortmann: Die Analregion der Säugetiere	1960
27	H. Hedinger & H. Kummer: Das Verhalten der Schnabeligel (Tachyglossidae) H. Krieg & U. Rahm: Das Verhalten der Xenarthren (Ameisenbären, Faultiere und Gürteltiere); Das Verhalten der Schuppentiere (Pholidota) U. Rahm: Das Verhalten der Erdferkel (Tubulideutata) O. Kalela: Wanderungen	1961
28	H.W. Matthes: Verbreitung der Säugetiere in der Vorzeit	1962
29	K. Neubert & E. Wüstenfeld: Morphologie des akustischen Organs	1962
30	J. Aschoff: Spontane lokomotorische Aktivität	1962
31	J. Eibl-Eibesfeldt: Technik der vergleichenden Verhaltensforschung	1962
32	Th. Haltenorth: Klassifikation der Säugetiere: Artiodactyla	1963
33	H. Elias: Die Leber- und Gallenwege	1963
34	H. Hofer & J. Tigges: Makromorphologie des Zentralnervensystems, 1. Teil	1964
35	R. Schneider: Die Larynx der Säugetiere	1965
36	F. Strauss: Weibliche Geschlechtsorgane, 1. Teil	1965
37	F. Goethe: Das Verhalten der Musteliden U. Rahm: Das Verhalten der Klippschliefer (Hyracoidea)	1965
38	G. Dücker: Das Verhalten der Viverriden	1965
39	J.F. Eisenberg: The Social Organizations of Mammals	1966
40	F. Strauss: Weibliche Geschlechtsorgane, 2. Teil	1966
41	H. Schriever: Physiologie des akustischen Organs	1967
42	H. Frädrich: Das Verhalten der Schweine (Suidae, Tayassuidae) und Flußpferde (Hippopotamidae)	1967
43	D. Müller-Using & R. Schloeth: Das Verhalten der Hirsche (Cervidae)	1967
44	M. Montjé: Physiologie des Auges	1968
45	L. Róka: Intermediärer Stoffwechsel	1968
46	R. Schenkel & E.M. Lang: Das Verhalten der Nashörner	1969
47	E. Thenius: Stammesgeschichte der Säugetiere (einschließlich der Hominiden), 1. Teil	1969
48	E. Thenius: Stammesgeschichte der Säugetiere (einschließlich der Hominiden), 2. Teil	1969
49	H. Klingel: Das Verhalten der Pferde (Equidae)	1972
50	W. Platzer: Morphologie der Kreislauforgane	1973
51	M.R.N. Prasad: Die männlichen Geschlechtsorgane	1975
52	W. Schober & K. Brauer: Makromorphologie des Zentralnervensystems, 2. Teil	1975
53	W. Schultz: Der Magen-Darm-Kanal der Monotremen und Marsupialier	1976
54	F.R. Walther: Das Verhalten der Hornträger (Bovidae)	1979
55	F. Strauss: Der weibliche Sexualzyklus	1986
56	E. Thenius: Zähne und Gebiß der Säugetiere	1989
57	Z. Halata: Die Sinnesorgane der Haut und der Tiefensensibilität	1993
58	M.S. Fischer: Hyracoidea	1992
59	R. Kraft: Xenarthra (Nebengelenker)	1995
60	K.F. Koopmann: Chiroptera (Systematics)	1994

Walter de Gruyter
Berlin · New York

DAS TIERREICH – THE ANIMAL KINGDOM

Eine Zusammenstellung und Kennzeichnung der rezenten Tierformen
A Compilation and Characterization of the Recent Animal Groups
Herausgeber / Editors: *Maximilian Fischer / Heinz Wermuth*

Aufstellung aller lieferbaren Bände/List of all available volumes:

72	H. Wermuth	**Reptilia. Helodermatidae.** 1958. 16 pages, 9 figures
73	M. Beier	**Orthoptera. Tettigoniidae (Pseudophyllinae I).** 1962. XII, 468 pages, 245 figures
74	M. Beier	**Orthoptera. Tettigoniidae (Pseudophyllinae II).** 1960. IX, 396 pages, 241 figures
75	K. Odening	**Trematoda (Digenea). Plagiorchiidae III. (Haematoloechinae) und Omphalometridae.** 1960. IV, 77 pages, 60 figures
76	K. Sanft	**Aves (Upupae). Bucerotidae.** 1960. IV, 176 pages, 106 figures
77	R. Kilias	**Gastropoda/Prosabranchia. Tonnidae.** 1962. 63 pages, 47 figures
78	S. W. Gorham	**Liste der rezenten Amphibien und Reptilien. Gymnophiona.** 1962. X, 25 pages
80	H. Wermuth	**Liste der rezenten Amphibien und Reptilien. Gekkonidae, Pygopodidae, Xantusiidae.** 1965. XXII, 246 pages
81	J. A. Peters	**Liste der rezenten Amphibien und Reptilien. Colubridae (Dipsadinae).** 1965. VIII, 18 pages
82	J. Illies	**Katalog der rezenten Plecoptera.** 1966. XXX, 632 pages, 20 figures
83	R. Mertens	**Liste der rezenten Amphibien und Reptilien. Chamaeleonidae.** 1966. X, 37 pages
84	C. Gans	**Liste der rezenten Amphibien und Reptilien. Uropeltidae.** 1966. 29 pages
85	S. W. Gorham	**Liste der rezenten Amphibien und Reptilien. Ascaphidae, Leiopelmatidae, Pipidae, Discoglossidae, Pelobatidae, Leptodactylidae, Rhinophrynidae.** 1966. XVI, 222 pages
86	H. Wermuth	**Liste der rezenten Amphibien und Reptilien. Agamidae.** 1967. XIV, 127 pages
87	H. Wermuth	**Liste der rezenten Amphibien und Reptilien. Cordylidae (Cordylinae und Gerrhosaurinae).** 1968. X, 30 pages
88	F. Haas	**Superfamilia Unionacea.** 1969. X, 663 pages, 5 figures
89	A. F. Stimson	**Liste der rezenten Amphibien und Reptilien. Boidae (Boinae, Bolyeriinae, Loxoceminae, Pythoninae).** 1969. XI, 49 pages

Walter de Gruyter & Co., P. O. Box 30 34 21, D-10728 Berlin Tel.: (030) 2 60 05 - 0, Fax: (030) 2 60 05 - 222
Walter de Gruyter Inc., 200 Saw Mill River Road, Hawthorne, N.Y. 10532, Phone: (914) 747-0110, Fax: (914) 747-1326

Walter de Gruyter
Berlin · New York

Aufstellung aller lieferbaren Bände (Fortsetzung)/List of all available volumes (continuation):

90	*H. Wermuth*	**Liste der rezenten Amphibien und Reptilien. Anguidae, Anniellidae, Xenosauridae.** 1969. XII, 41 pages
91	*M. Fischer*	**Hymenoptera: Braconidae (Opiinae I).** 1972. XII, 620 pages, 463 figures
92	*R. Kilias*	**Gastropoda/Prosobranchia: Cymatiidae.** 1973. VIII, 235 pages, 149 figures
93	*P. Banarescu* *T. N. Nalbrant*	**Pisces, Teleostei (Gobionidae/Gobioninae).** 1973. VII, 304 pages, 154 figures, 19 maps
94	*P. Zwick*	**Insecta: Plecoptera. Phylogenetisches System und Katalog.** 1973. XXXII, 465 pages, 75 figures
95	*W. E. Duellman*	**Liste der rezenten Amphibien und Reptilien. Hylidae, Centrolenidae, Pseudidae.** 1977. XIX, 225 pages
96	*M. Fischer*	**Braconidae (Opiinae II – Amerika).** 1977. 1038 pages, 890 figures
97	*S. G. Kiriakoff*	**Lepidoptera Noctuiformes. Agaristidae I (Palaeartic and Oriental Genera).** 1976. IX, 180 pages, 39 figures
98	*S. G. Kiriakoff*	**Lepidoptera Noctuiformes. Agaristidae II (Ethiopian and Madagascan Species).** 1976. VIII, 165 pages, 52 figures
99	*S. G. Kiriakoff*	**Lepidoptera Noctuiformes. Agaristidae III (American Genera).** 1976. VI, 86 pages, 26 figures
100	*H. Wermuth* *R. Mertens*	**Liste der rezenten Amphibien und Reptilien. Testudines, Crocodylia, Rhynchocephalia.** 1976. XXVII, 174 pages
101	*D. E. Hahn*	**Anomalepidae, Leptotyphlopidae, Typhlopidae.** 1980. XII, 93 pages
102	*H. Steinmann*	**Dermaptera. Catadermaptera I.** 1986. XIV, 348 pages
103	*A. Kaltenbach*	**Saginae. Saltatoria – Tettigoniidae.** 1986. VIII, 92 pages
104	*M. Fischer*	**Hymenoptera. Opiinae III.** 1987. XV, 734 pages
105	*H. Steinmann*	**Dermaptera. Catadermaptera II.** 1989. XIX, 504 pages
106	*H. Steinmann*	**Dermaptera. Eudermaptera I.** 1989. XX, 558 pages
107	*R. L. Hoffman*	**Myriapoda 4. Polydesmida, Oxydesmidae.** 1990. XVI, 512 pages
108	*H. Steinmann*	**Dermaptera. Eudermaptera II.** 1993. XXII, 711 pages
109	*A. B. Bauer*	**Familia Gekkonidae (Reptilia, Sauria).** Part I: Australia and Oceania. 1994. XIV, 309 pages